Lexique ang
& frança
du l

CHEZ LE MÊME ÉDITEUR ─────────────

J.-P. ROY & J.-L. BLIN-LACROIX. - **Le dictionnaire professionnel du BTP.**
G00819, 1ᵉ édition, 3ᵉ tirage 2003

Lexique anglais-français & français-anglais du BTP

Wolfgang Jalil   Alain Buffard

Deuxième édition 2003

EYROLLES

ÉDITIONS EYROLLES
61, bd Saint-Germain
75240 Paris Cedex 05
www.editions-eyrolles.com

© Groupe Eyrolles 2003, ISBN 2-212-11269-6

Remerciements

Les auteurs remercient M. David Draisey, ingénieur en chef à Europes Études, M. Scott Wilson, ingénieur à OVE ARRUP et M. Philippe Lobry pour leurs conseils et leur participation à la relecture de ce dictionnaire ainsi que Christelle Bricard.

Les auteurs seraient reconnaissants à tous ceux qui pourraient leur signaler des erreurs éventuelles, sinon des améliorations pour la prochaine édition.

The authors wish to thank Mr David Draisey, chief engineer at Europes Etudes, Mr Scott Wilson, civil engineer at OVE ARRUP and Mr Philippe Lobry for their advice and contribution in reviewing this dictionary as well as Christelle Bricard.

The authors would be grateful to be told of mistakes and grateful to receive suggestions for improvements for the next edition.

Préface

Depuis plus de dix ans, la profession française du bâtiment et des travaux publics a consenti un énorme effort de reconversion vers les marchés extérieurs, et en particulier, vers les pays en voie de développement anglophones : Afrique, Moyen-Orient, Extrême-Orient...

L'Amérique du Nord, elle aussi, a tenté nos bureaux d'études et entreprises, et certaines implantations aux États-Unis ou au Canada constituent aujourd'hui d'indéniables réussites.

D'autre part, l'Europe technique prend corps : l'acte unique, ratifié par notre parlement, les eurocodes et euronormes sont des étapes irréversibles vers un véritable marché commun, qui ne devra connaître aucune entrave à la libre circulation des produits, aussi bien que des personnes. Malgré la volonté affirmée par nos autorités nationales de maintenir l'usage international de la langue française, force est de reconnaître la prééminence de la langue anglaise : les réunions techniques se déroulent maintenant en anglais et les disparitions du CEB (Comité euro-international du béton) et de la FIP (Fédération internationale de la précontrainte) au profit de la FIB n'ont fait qu'aggraver une situation déjà bien compromise pour la francophonie.

Enfin, nos scientifiques et chercheurs, s'ils veulent faire connaître leurs travaux dans le monde entier, doivent se résoudre à publier en anglais ; en effet, il suffit de parcourir les références bibliographiques contenues dans les articles publiés à l'étranger pour constater une absence à peu près complète de tout écrit en langue française.

Face à cette situation, un lexique spécialisé dans le domaine du génie civil constitue pour un nombre croissant de professionnels un outil indispensable : les dictionnaires généraux, même les plus prestigieux, ne peuvent en effet se tenir au courant au jour le jour des termes souvent ésotériques, et rapidement évolutifs, spécifiques au BTP. Il nous faut aussi rendre hommage à M. Wolfgang Jalil, qui a bien voulu entreprendre la tâche ingrate de l'élaboration d'un lexique.

Sa parfaite maîtrise de la langue, et sa carrière professionnelle orientée vers l'étranger ont, certes, facilité cette tâche ; sa vocation pour l'enseignement et tout spécialement ses fonctions à l'École nationale des Ponts et Chaussées ont aussi largement contribué à lui permettre d'aborder avec clarté le problème du classement et de la sélection de plusieurs milliers de mots et d'expressions idiomatiques en usage dans notre profession.

En outre, pendant plusieurs années, M. Wolfgang Jalil a assuré la fonction d'ingénieur de liaison entre la commission française de normalisation et la commission européenne à propos de la mise au point du texte concernant les fondations des structures en béton armé ; cette activité lui a permis de tenir à jour le vocabulaire souvent ésotérique de la normalisation.

Ce lexique sera donc, j'en suis sûr, très apprécié par ses utilisateurs ; l'utilisation de l'informatique pour sa constitution en garantit, en outre, une possibilité intéressante : dans la technologie du génie civil et du bâtiment, les progrès sont rapides, et ils donnent souvent naissance à des vocables nouveaux ; la mise en mémoire du lexique sur fichier informatisé effectuée en collaboration avec M. Alain Buffard permet sa mise à jour périodique, en faisant ainsi un travail moderne, répondant à un besoin actuel.

Roger Lacroix
Président d'honneur de la FIP et de l'AFPC

For more than ten years, the French civil engineering profession has made a sustained effort to adapt its business development strategy towards overseas markets, in particular towards English – speaking developing countries: Africa, Middle-East, far East...

Our consulting offices and contractors have also been enticed by North America and some successful projects in the United States and Canada have undoubtedly enhanced their reputation.

Also, "Technical Europe" is taking shape: the Single Act ratified by our parliament, the Eurocodes and the Eurostandards contribute to irreversible progress towards a real Common Market, that shall not allow any obstacles to the free circulation of products and people. In spite of the asserted aim of the French government to maintain the international use of the French language, we must admit the pre-eminence of the English language: technical meetings now take place in English, and the demise of both the CEB (Comité euro-international du béton) and the FIP (Fédération internationale de la précontrainte) and their replacement by the FIB, has only accelerated a situation which has already seen franco-phone agendas severely compromised.

Moreover our scientists and researchers are obliged to publish their works in the English language if they want them to be known the world over ; indeed, we only have to glance through the bibliographical references contained in the articles published overseas to note a near total absence of work written in the French language.

A dictionary specializing in civil engineering represents a useful tool for the ever increasing number of professionals confronted with this situation: even the most prestigious general dictionaries cannot be kept updated with terms which are often esoteric, which are rapidly evolving and specific to this field. We should therefore pay homage to Mr Wolfgang Jalil, who, with the close assistance of Mr Buffard, has been willing to complete the difficult task of compiling this dictionary.

His mastery of the English language and his professional career which has been directed overseas, have certainly made this task easier. His teaching vocation and especially his duties at l'École nationale des Ponts et Chaussées have helped him in the classification and the selection of several thousands of words and idioms used in our profession.

Furthermore, for several years, Mr Wolfgang Jalil has held the position of liaison engineer between the Commission française de normalisation and the European Commission in respect of the preparation of a text concerning the foundations of reinforced concrete buildings; this activity has helped him update the often esoteric vocabulary of normalisation.

I am sure that users will greatly appreciate this dictionary. The use of a computer for its preparation and compilation will facilitate, amongst other things, the possibility of updating future developments. The continual progress of civil engineering technology generates new vocabulary. The storage of this dictionary on a computerized file, carried out with the help of Alain Buffard, will periodically permit editions to be updated, producing a modern work tool, necessary to current requirements.

Roger Lacroix
Honorific President of the AFPC and FIB

Avant-propos

De plus en plus nombreuses sont aujourd'hui, les entreprises qui réalisent une importante partie de leur chiffre d'affaires à l'exportation.

Non seulement vers l'Europe, où cette tendance a été favorisée par la création de l'Union européenne, mais également vers les États d'Amérique, de l'Asie du sud-est et du Moyen-Orient.

Pour ces entreprises, maîtriser la langue anglaise est donc devenu une absolue nécessité.

En mettant à leur disposition le lexique technique qu'il a élaboré, tout d'abord à l'usage du groupe Socotec, M. Wolfgang Jalil nourrit justement aujourd'hui l'ambition de les y aider.

M. Jalil, directeur technique pour le Moyen-Orient dans le cadre du développement des activités de Socotec dans cette zone, a été conduit à collaborer étroitement avec de nombreuses entreprises de diverses nationalités, ce qui lui a permis de dominer parfaitement le vocabulaire technique anglais.

Le lexique qu'il a établi, en collaboration avec M. Buffard, ingénieur dans le groupe Bouygues, tire parti de cette riche expérience. Il comporte plus de 3 500 entrées couvrant tous les domaines du génie civil du bâtiment et des travaux publics.

Il s'est révélé très utile pour les ingénieurs du groupe Socotec, et je ne doute pas qu'il puisse également apporter une aide précieuse à tous ceux qui aujourd'hui, dans les bureaux d'études et les entreprises sont confrontés régulièrement à des appels d'offres internationaux ou la réalisation d'importantes opérations de construction à l'étranger.

Yves Le Sellin
Président directeur général de Socotec

Today more and more contractors have a large proportion of their turnover which is earned from exports.

Not only within Europe, where this tendancy has been enhanced by the creation of the European Union, but also in the United States, South East Asia and the Middle East.

It is essential for these contractors to master the English language.

By putting at their disposal a technical dictionary which he has compiled, initially for the use of the Socotec Group, M. Wolfgang Jalil is fuelling his ambition to assist them in achieving their goals.

Mr Jalil, technical Director of Socotec for the Middle, in the context of the development of Socotec activities in the region, has had the opportunity to co-operate closely with many contractors of different nationalities, which has enabled him to master the technical English vocabulary.

The dictionary he has compiled in association with Mr Buffard, a Civil Engineer from the Bouygues Group, who has spent the majority of his career abroad, has reaped the rewards of his rich experience. The glossary contains more than 3 500 entries connected with all aspects of civil engineering, building and public works.

It has proved to be very useful to the engineers of the Socotec group and I am sure it will be an invaluable aid to all who are working as consulting engineers or contractors, and who are dealing with international bids or with the implementation of big overseas construction projects.

Yves Le Sellin
Managing Director of Socotec

Conversion d'unités SI[1]
SI conversion factors

Longueurs Length	1 mètre (m) = 3,281 feet (ft) 25,4 millimètres (mm) 1,609 kilomètre (km)	= 39,37 inches (in) = 2,54 centimètres (cm) = 1 mile = 5 280 ft	 = 1 in = 1 760 yards = 63 360 in
Surface Area	1 m^2 645 mm^2	= 10 764 ft^2 = 6,45 cm^2	 = 1 in^2
Volume	1 m^3 28,32 litres 4,546 litres 3,785 litres	= 1 000 litres = 1 ft^3 = 1 imperial gallon = 1 United States wet gallon	= 35,315 ft^3 = 10 If water
Température Temperature	0° C = 32° F, T° C = $\frac{5}{9}$ (T° F − 32)	100° C = 212° F	
Poids, masse Weight, mass	1 kg = 2,204 lb 454 grammes (g) 1 016 kilogrammes (kg)	 = 1 pound (lb) = 1 ton	 = 16 ounces (oz) = 2 240 lb *
Force	1 Newton (N) 1 kg force 4,48 N 0,45 tonne	= 0,2248 lb.f, = 2,204 lb.f = 1 lb.f = 4,5 kN	1 kN = 224,8 lb.f 1 kip = 1 000 lb.f
Pression Pressure	1 Pascal = 1 N/m^2, 6,895 kPa 1 mégaPascal (MPa) 100 kPa 1 kiloPascal (kPa) 1 mégaPascal (MPa) = 10 kg/cm^2 = 145 psi	= 1 psi (Pound per Square Inch) = 1 N/mm^2 = 1 bar = 1 kN/m^2 = 1 MN/m^2 = 100 t/m^2	 = 145 psi = 100 kN/m^2 = 0,001 N/mm^2

1. Advisable to indicate US short ton = 2 000 lb.

Table de conversion d'unités[1]
Unit Conversion Tables

SI symbols and prefixes

BASE UNITS			
Quantity		Unit	Symbol
Length	Longueur	Meter	m
Mass	Masse	Kilogram	kg
Time	Temps	Second	s
Electric current	Courant électrique	Ampere	A
Thermodynamic temperature	Température	Kelvin	K
Amount of substance	Quantité de substance	Mole	mol
Luminous intensity	Intensité lumineuse	Candela	cd

SI prefixes

	Multiplication Factor	Prefix	Symbol
1 000 000 000 000 000 000 =	10^{18}	exa	E
1 000 000 000 000 000 =	10^{15}	peta	P
1 000 000 000 000 =	10^{12}	tera	T
1 000 000 000 =	10^{9}	giga	G
1 000 000 =	10^{6}	mega	M
1 000 =	10^{3}	kilo	k
100 =	10^{2}	hecto	h
10 =	10^{1}	deka	da
0,1 =	10^{-1}	deci	d
0,01 =	10^{-2}	centi	c
0,001 =	10^{-3}	milli	m
0,000 001 =	10^{-6}	micro	μ
0,000 000 001 =	10^{-9}	nano	n
0,000 000 000 001 =	10^{-12}	pico	p
0,000 000 000 000 001 =	10^{-15}	femto	f
0,000 000 000 000 000 001 =	10^{-18}	atto	a

1.   Empruntée à UBC code – USA – 1997.

SI derived unit with special names

Quantity		Unit	Symbol	Formula
Frequency (of a periodic phenomenon)	Fréquence	hertz	Hz	$1/s$
Force	Force	newton	N	$kg \cdot m/s^2$
Pressure, stress	Pression, contrainte	pascal	Pa	N/m^2
Energy, work, quantity of heat	Énergie, quantité de chaleur	joule	J	$N \cdot m$
Power, radiant flux	Puissance, flux	watt	W	J/s
Luminous flux	Flux lumineux	lumen	lm	$cd \cdot sr$
Illuminance	Éclairage	lux	lx	lm/m^2

Conversion factors

TO CONVERT	TO	MULTIPLY BY
Longueur – Length		
1 mile (US statute)	km	1,609344
1 yd	m	0,9144
1 ft	m	0,3048
	mm	304,8
1 in	mm	25,4
Surface – Area		
1 mile^2 (US statute)	km^2	2,589998
1 acre (US survey)	ha	0,4046873
	m^2	4 046,873
1 yd^2	m^2	0,8361274
1 ft^2	m^2	0,09290304
1 in^2	mm^2	645,16
Volume, modulus of section		
1 acre ft	m^3	1 233,489
1 yd^3	m^3	0,7645549
100 board ft	m^3	0,2359737
1 ft^3	m^3	0,02831685
	L(dm^3)	28,3168
1 in^3	mm^3	16 387,06
	mL (cm^3)	16,3871
1 barrel (42 US gallons)	m^3	0,1589873
Fluide – (Fluid) capacity		
1 gal (US liquid)*	L**	3,785412
1 qt (US liquid)	mL	946,3529
1 pt (US liquid)	mL	473,1765
1 fl oz (US)	mL	29,5735
1 gal (US liquid)	m^3	0,003785412
*1 gallon (UK) approx. 1,2 gal (US)	** 1 liter approx. 0,001 cubic meter	

3

LEXIQUE ANGLAIS-FRANÇAIS ET FRANÇAIS-ANGLAIS DU BTP

TO CONVERT	TO	MULTIPLY BY
Moment d'inertie – Second moment of area		
1 in^4	mm^4	4162314
	m^4	4162314×10^{-7}
Angle – Plane angle		
1° (degree)	rad	0,01745329
	mrad	17,453,29
1' (minute)	urad	290,8882
1" (second)	urad	4,848137
Vitesse – velocity, speed		
1 ft/s	m/s	0,3048
1 mile/h	km/h	1,6309344
	m/s	0,44704
Débit – Volume rate of flow		
1 ft^3/s	m^3/s	0,02831685
1 ft^3/min	L/s	0,4719474
1 gal/min	L/s	0,0630902
1 gal/min	m^3/min	0,0038
1 gal/h	mL/s	1,05150
1 million gal/d	L/s	43,8126
1 acre ft/s	m^3/s	1233,49
Temperature interval		
1° F	°C or K	0,555556
		5/9° C = 5/9 K
Equivalent temperature ($t_{°C} = t_K - 273,15$)		
$t_{°F}$	$t_{°C}$	$t_{°F} = 9/5\ t_{°C} + 32$
Masse – Mass		
1 ton (short)	metric ton	0,907185
	kg	907,1847
1 lb	kg	0,4535924
1 oz	g	28,34952
1 long ton (2,240 lb)	kg	1 016,047
Masse par unité de surface – Mass per unit area		
1 lb/ft^2	kg/m^2	4,882428
1 oz/yd^2	g/m^2	33,90575
1 oz/ft^2	g/m^2	305,1517
Densité – Density (mass per unit volume)		
1 lb/ft^3	kg/m^3	16,01846
1 lb/yd^3	kg/m^3	0,5932764
1 ton/yd^3	t/m^3	1,186553

TO CONVERT	TO	MULTIPLY BY
Force – Force		
1 tonf (ton-force)	kN	8,89644
1 kip (1,000 lbf)	kN	4,44822
1 lbf (pound-force)	N	4,44822
Moment, couple – Moment of force, torque		
1 lbf · ft	N · m	1,355818
1 lbf · in	N · m	0,1129848
1 tonf · ft	kN · m	2,71164
1 kip · ft	kN · m	1,35582
Force unitaire – Force per unit length		
1 lbf/ft	N/m	14,5939
1 lbf/in	N/m	175,1268
1 tonf/ft	kN/m	29,1878
Pression, contrainte – Pressure, stress, modulus of elasticity (force per unit area) $(1\ Pa = 1\ N/m^2)$		
1 tonf/in^2	MPa	13,7895
1 tonf/ft^2	kPa	95,7605
1 kip/in^2	MPa	6,894757
1 lbf/in^2	kPa	6,894757
1 lbf/ft^2	Pa	47,8803
Atmosphere	kPa	101,3250
1 inch mercury	kPa	3,37685
1 foot (water column at 32° F)	kPa	2,98898
Énergie – Work, energy, heat (1 J = 1 N · m = 1 W · s)		
1 kWh (550 ft · lbf/s)	MJ	3,6
1 Btu (Int. Table)	kJ	1,055056
	J	1 055,056
1 ft · lbf	J	1,355818
Transfert de chaleur – Coefficient of heat transfer		
1 Btu/(ft^2 · h · °F)	W/(m^2 · K)	5,678263
Conductivité – Thermal conductivity		
1 Btu/ft · h · °F)	W/(m · K)	1,730735
Éclairage – Illuminance		
1 lm/ft^2 (footcandle)	lx (lux)	10,76391
Éclairage – Luminance		
1 cd/ft^2	cd/m^2	10,7639
1 foot lambert	cd/m2	3,426259
1 lambert	kcd/m^2	3,183099

Lexique
anglais-français

Abrasion (marine)	Abrasion marine
Abrasive	Abrasif
Abrupt	Abrupt
Abscissa	Abscisse
Abutment	Culée
Accelerator	Accélérateur de prise
Accelerogram	Accélérogramme
Access balcony	Coursive extérieure
Access ramp	Rampe d'accès
Accumulation of mud	Accumulation de boues
Accuracy	Précision
Achievement	Réalisation
Acid	Acide
Action	Action
Acutal	Réel
Adapt (to)	Ajuster
Adhesion	Adhérence
Adhesive	Adhésif
Adjacent	Adjacent
Adjustable	Orientable
Admixture (concrete)	Adjuvant du béton
Aeration	Aération
Aftershock (earthquake)	Réplique (séisme)
Aggradation	Colmatage, alluvionnement

Aggregates	Agrégats
Aggregates	Granulats
Aggregates (coarse)	Gros agrégats
Aggregates (crushed)	Agrégats concassés
Aggregates (premixed)	Agrégats enrobés
Aggregates (natural)	Agrégats naturels
Aggregates (river/rolled)	Agrégats roulés
Agreement	Accord
Air	Air
Air conditioning	Climatisation – conditionnement d'air
Air entraining agent	Entraîneur d'air
Air gust	Rafale de vent
Air intake	Prise d'air
Air lock	Sas
Airport	Aéroport
Alcove	Alcôve
Alignment (straight)	Alignement droit
Allocate (to)	Attribuer
Allowable	Admissible
Alloy	Alliage
Alloy (light metal)	Alliage léger
Alterability	Altérabilité
Alteration	Altération
Altered	Altéré
Alternative	Variante
Alumina	Alumine
Aluminate	Aluminate
Amended	Modifié
Amendment	Modification
Amphoteric	Amphotère
Analogy	Analogie
Analyser	Appareil d'analyse
Analysis	Analyse
Analysis (shear circle)	Calcul de la stabilité par la méthode du cercle de glissement
Analysis (dimensional)	Analyse dimensionnelle
Analysis (friction circle)	Analyse par la méthode de frottement

Analysis (hydrometer)	Analyse hydrométrique
Analysis (sedimentation)	Analyse par sédimentation
Analysis (settlement)	Calcul de tassement
Analysis (sieve)	Analyse granulométrique
Analysis (thermal)	Analyse thermique
Analysis of structure	Calcul de structure
Analysis of tenders	Dépouillement des offres
Anchoring	Ancrage
Anchor bolt	Boulon d'ancrage
Anchorage	Ancrage
Anchorage	Scellement
Anchorage (dead)	Ancrage mort
Anchorage (end)	Ancrage d'extrémité
Anchorage (lost)	Ancrage perdu
Anchorage (moveable bearing)	Ancrage mobile d'appui
Anchorage (pile)	Ancrage de pieu
Anchorage block	Massif d'ancrage
Anchoring cone	Cône d'ancrage
Angle	Angle
Angle	Cornière
Angle (chamfered or bevelled)	Arête chanfreinée
Angle (equal-leg round edged)	Cornière à ailes égales et bouts arrondis
Angle (equal-leg sharp edged)	Cornière à ailes égales et angles vifs
Angle (equal-leg)	Cornière à ailes égales
Angle (flange)	Cornière de membrure
Angle (unequal-leg round edged)	Cornière à ailes inégales et bouts arrondis
Angle (unequal-leg)	Cornière à ailes inégales
Angle of friction	Angle de frottement
Angle of incidence	Angle d'incidence
Angle of internal friction	Angle de frottement interne
Angle of load distribution	Angle de répartition des charges
Angle of natural slope	Angle de talus naturel
Angle of shear	Angle de cisaillement
Angle of slope	Angle de talus
Angle of wall friction	Angle de friction sur paroi
Angledozer	Bouteur biais

Anhydrous	Anhydre
Anion	Anion
Apex	Sommet
Apparatus (direct shear)	Appareil de cisaillement direct
Apparatus (liquid limit)	Appareil de limite de liquidité
Apparatus (ring shear)	Appareil de cisaillement circulaire
Apparatus (shear vane)	Scissomètre
Applied	Appliqué
Apply (to)	Appliquer
Approval	Agrément
Approval	Homologation
Approval of drawings	Approbation des plans
Approximate	Environ
Apron	Allège (fenêtre)
Aqueduct	Aqueduc – canal d'adduction – galerie d'adduction
Aqueous	Aqueux
Arch	Arc
Arch (balanced)	Arc équilibré
Arch (hinged)	Arc articulé
Arch (three pinned)	Arc à trois articulations
Arch (tied)	Arc à tirant
Arch (two-hinged)	Arc à deux articulations
Arch with fixed ends	Arc encastré
Arching	Effet de voûte
Architect	Architecte
Area	Aire
Area	Zone
Area (borrow)	Zone d'emprunt
Area (built up)	Zone bâtie
Area (cross-sectional)	Aire de la section transversale
Area (loading)	Zone de chargement
Area (prohibited)	Zone interdite
As rolled condition	État brut de laminage
Asbestos cement	Amiante ciment
Ash (fly)	Cendre volante
Ashlar	Pierre de taille
Asphalt	Asphalte

Assembling	Assemblage (opération)
Assembling shop	Atelier de montage
Assembling (shop)	Assemblage à l'atelier
Assembly (temporary)	Brelage provisoire
Assymetrical	Asymétrique
Available	Disponible
Average	Moyen (numérique)
Axis	Axe
Axis (neutral)	Axe neutre
Axis (vertical)	Axe vertical
Axis of reference	Axe de référence
Axle	Essieu

Back actor	Pelle en rétro
Back-fill	Remblai
Back-fill (compacted)	Terre-plein
Backup	Contre-joint
Bacteria bed	Lit bactérien
Balance (to)	Équilibrer
Balanced	Pondéré
Balcony	Balcon
Balcony	Loggia
Ball and socket joint	Articulation à rotule
Ballast	Ballast (voie ferrée)
Ballast	Lest
Balustrade	Balustrade
Bank	Rive
Bar	Barre
Bar (bent up)	Barre relevée
Bar (crow)	Pied-de-biche
Bar (distribution)	Armature de répartition
Bar (round)	Barre ronde
Bar (starter)	Barre en attente
Bar (steel reinforcement)	Barre d'armature en acier
Bar (support)	Chaise (ferraillage)
Bar bender	Clé à griffe
Barrier (crash)	Glissière de sécurité

Bars (indented)	Barres crénelées
Bars (stair cases slab)	Barres d'armature dalle de volée (escalier)
Bars to flight slab	Barres d'armature dalle de volée
Basalt	Basalte
Base	Base
Base	Couche de base
Base (stanchion)	Pied de poteau
Basement	Sous-sol
Basic design	Étude de base du projet
Basic value	Valeur de base
Basin bert	Darse
Batch (to)	Doser
Batch phasing	Lotissement
Batching of constituents	Dosage des constituants
Batching plant	Centrale à béton
Batching plant (asphaltic concrete)	Centrale d'enrobage
Bathroom	Salle de bains
Batten	Liteau – castaing
Batter (wall)	Fruit (d'un mur)
Beam	Poutre
Beam (continuous)	Poutre continue
Beam (diaphragm)	Entretoise
Beam (end)	About de poutre
Beam (head)	Chevêtre (pile)
Beam (lifting)	Palonnier
Beam (precast)	Poutre préfabriquée
Beam (ring)	Poutre ceinture (bâtiment)
Beam (roof)	Poutre de toiture
Beam (simply supported)	Poutre sur appuis simples
Beam (spreading)	Palonnier
Beam (timber)	Madrier
Beam and winch segment	Équipage de levage
Bearing	Appareil d'appui
Bearing	Appui
Bearing	Support
Bearing	Point d'appui
Bearing (counter)	Contre-appui

Bearing (elastic)	Appui élastique
Bearing (expansion)	Appui mobile
Bearing (fixed)	Appui encastré
Bearing (fixed)	Appui fixe
Bearing (floating)	Appui flottant
Bearing (intermediate)	Appui intermédiaire
Bearing (laminated elastomeric)	Appareil d'appui néoprène fretté
Bearing (middle)	Appui médian
Bearing (rocker)	Appui à rotule
Bearing (roller)	Appui à rouleaux
Bearing (roller)	Appui cylindrique
Bearing (simple)	Appui simple
Bearing (sliding)	Appui à glissement
Bearing bush	Coussinet
Bearing capacity	Portance
Bearing plate	Plaque d'appui
Bearings (sliding)	Appuis glissants
Bed	Lit (rivière)
Bedrock	Assise rocheuse
Bedrock	Bedrock
Bedroom	Chambre
Behavior factor	Coefficient de comportement
Belt	Ceinture
Bench	Paillasse
Bench mark	Repère de nivellement
Benchmark	Point fixe
Bending	Flexion
Bending (compound)	Flexion composée
Bending (simple)	Flexion simple
Bending schedule	Nomenclature (B.A.)
Bent	Palée
Bent (temporary)	Palée provisoire
Bentonite	Bentonite
Bentonitic	Bentonitique
Berlin building system	Méthode berlinoise
Berne	Risberne
Bevel	Chanfrein
Bevel (to)	Biseauter – chanfreiner

Bill of quantities (B-O-Q)	Devis quantitatif – estimatif
Bind (to)	Attacher
Binder	Liant
Bit	Mèche, mèche (forage), trépan
Bit (auger type)	Trépan à cuiller
Bit (boring)	Trépan de forage
Bit (chopping)	Trépan à biseau
Bit (diamond)	Trépan à diamants
Bit (hard metal)	Trépan au métal dur
Bit (rock)	Trépan pour roche
Bit (roller)	Trépan à molette
Bit (twist) for wood	Foret à bois
Blanket	Revêtement (géologie)
Bleed	Purge
Blinding concrete	Béton de propreté
Block of multi-storey flats	Immeuble d'habitation à étages multiples
Blockboard	Panneau latté
Blocked off	Obturé
Blocking of the male cone	Blocage du cône mâle
Blockwork (concrete)	Parpaing
Blockworks	Maçonneries
Board	Planche
Board (edging)	Filet de parement
Board (insulation)	Panneau isolant
Boarding (rough timber)	Plancher en bois brut
Boat level	Niveau de poche
Boiler	Chaudière
Bollard	Bollard
Bolt	Boulon
Bolt (anchoring)	Boulon d'ancrage
Bolt (hexagon head)	Boulon à tête hexagonale
Bolt (high strength)	Boulon à haute résistance
Bolt (screw)	Boulon fileté
Bolt cropper	Coupe-boulon
Bond	Adhérence – liaison
Borehole	Trou de forage – forage
Boring	Forage

Boring (tube sample)	Forage au tube carottier
Boring (wash-out)	Forage par délavage
Bottom end	Fond
Boundary marker	Borne
Bowl	Cuvette
Box	Dalot
Box (cell)	Caisson cellulaire
Box (open)	Caisson ouvert
Brace	Aisselier
Brace	Étançon
Brace (to)	Étayer
Bracing	Entretoisement
Bracing	Étaiement
Bracing (V)	Contreventement en V
Bracing (K)	Contreventement en K
Bracing (wind)	Contreventement
Bracing (X)	Contreventement par croix de Saint-André
Bracket	Console – bielle
Bracket (mounting)	Patte de fixation
Brake	Frein
Brass	Laiton
Braze (to)	Braser
Breakage	Épaufrure
Breaking (rock)	Abattage de la roche
Breakwater	Digue, brise-lames
Brick	Brique
Brick (facing)	Brique de parement
Brick (fire-clay)	Brique réfractaire
Brick (hollow/cavity)	Brique creuse
Brick (reinforced)	Brique armée
Brick (solid)	Brique pleine
Brickwork	Ouvrage en brique
Bridge	Pont
Bridge (arch)	Pont en arc
Bridge (arch)	Pont-voûte
Bridge (cable-stayed)	Pont à hauban
Bridge (cantilever)	Pont à cantilever

Bridge (composite)	Pont mixte acier-béton
Bridge (girder)	Pont à poutres
Bridge (launched)	Pont poussé
Bridge (lifting)	Pont basculant
Bridge (bascule)	Pont ouvrant
Bridge (opening)	Pont ouvrant
Bridge (double-bascule)	Pont ouvrant central
Bridge (portal frame)	Pont à béquilles
Bridge (raking leg portal frame)	Pont à béquilles inclinées
Bridge (railway)	Pont-rail
Bridge (road)	Pont-route
Bridge (skew slab)	Pont biais
Bridge (slab)	Pont-dalle
Bridge (suspension)	Pont suspendu
Bridge (swing)	Pont tournant
Bridge (vertical-lift)	Pont levant
Bridge deck	Tablier de pont
Bridge with continuous beams	Pont à poutres continues
Briole	Palonnier
Brook	Ruisseau
Broom	Balai
Brush	Pinceau
Bucket	Seau
Bucket (bottom dump)	Benne à fond ouvrant
Bucket (grab)	Benne preneuse
Buckle (to)	Flamber
Buckle (to)	Voiler
Buckling	Flambement, voilement, gauchissement
Buckling (lateral)	Déversement
Buckling length	Longueur de flambement
Budget (to)	Établir un budget
Budget figure	Montant du devis
Buffer	Tampon
Buffer	Heurtoir
Build up by welding	Rechargé par soudure
Building	Bâtiment
Building (industrial)	Bâtiment industriel

Built in	Incorporé
Bulb	Bulbe
Bulb (pressure)	Bulbe de pression
Bulk	Vrac (en)
Bulkhead	Cloison étanche
Bulkhead (end)	Masque d'about
Bulking	Foisonnement
Bulldozer	Bouteur
Bunker	Soute
Buoyancy	Poussée d'Archimède
Buried	Enterré
Burr	Bavure
Bush hammering of masonry	Bouchardage
Bush-hammer	Boucharde
Button head	Bouton (cable)
Butt strap	Éclisse
By-law	Règles d'urbanisme de construction
By-pass	Déviation

C

Cable (cap)	Câble chapeau
Cable (looped)	Câble boucle
Cable stays	Haubans
Cage (reinforcing)	Cage d'armature
Caged ladder	Échelle à crénoline
Caisson	Caisson
Caisson (cell)	Caisson cellulaire
Caisson (open)	Caisson ouvert
Caisson (compressed air)	Caisson à air comprimé
Calcite	Calcite
Calcium	Calcium
Calculation	Calcul
Calculations	Notes de calcul
Calibration	Étalonnage
California bearing ratio	CBR : indice portant californien
Call for tenders (open)	Appel d'offre public
Call for tenders (restricted)	Appel d'offre restreint
Camber	Cambrure
Camber	Bombement
Camber	Contreflèche
Camber	Raccordement circulaire
Canal (flushing)	Canal de chasse
Canal (headrace)	Canal d'amenée
Canal (tailrace)	Canal de fuite

Cancelled	Annulé (plan)
Canopy	Auvent
Cap	Chapeau
Cap (pile)	Tête de pieu
Capacity	Capacité
Capillarity	Capillarité
Carbon	Carbone
Carbon content	Teneur en carbone
Carcass	Gros œuvre
Carpenter	Coffreur
Carriage form traveler	Équipage mobile
Carriageway	Chaussée
Carriageway surfacing	Revêtement de chaussée
Carry over	Distribution des efforts (méthode de)
Casement	Chassis
Casing	Enveloppe
Casing (tapered)	Voûtain
Casing (well)	Blindage de puits
Cast (to)	Couler
Cast in situ	Coulé en place
Cast iron	Fonte
Catchpit	Puisard
Catenary	Caténaire
Catwalk	Passerelle
Caulking tool	Matoir
Ceiling	Plafond
Ceiling (suspended)	Faux-plafond
Ceiling joist	Poutrelle
Cell	Cellule
Cell (creep)	Cellule de fluage
Cellar	Cave
Cement	Ciment
Cement (abestos)	Fibrociment
Cement (blastfurnace)	Ciment de haut-fourneau
Cement (bulk)	Ciment en vrac
Cement (expansive)	Ciment expansif
Cement (high alumina)	Ciment alumineux
Cement (high strength)	Ciment à haute résistance

Cement (low heat)	Ciment à faible chaleur d'hydrat
Cement (low water lost)	Ciment à faible perte en eau
Cement (portland)	Ciment Portland
Cement (quick setting)	Ciment à prise rapide
Cement (rapid hardening)	Ciment à durcissement rapide
Cement (slag)	Ciment de laitier
Cement (slow setting)	Ciment à prise lente
Cement (sulphate resisting)	Ciment résistant aux sulfates
Cement (water repellent)	Ciment hydrofuge
Cement slurry	Mortier de ciment
Central	Central
Central span	Travée centrale
Center	Centre
Centring	Cintré
Centroid	Centre de gravité
Certificate (work shop)	Certificat d'usine
Chaînage	Distance cumulée
Chalk	Craie
Channel	Canal, chenal, fer en U
Channel (navigable)	Canal navigable
Characteristic	Caractéristique
Chart	Graphique, tableau
Chart (plasticity)	Diagramme de plasticité
Chase	Saignée
Checking	Vérification
Chemical	Chimique
Chimney	Cheminée
Chimney base	Souche de cheminée
Chip	Épaufrure
Chipboard	Panneau d'aggloméré en bois
Chisel	Burin
Chisel (cold)	Burin à froid
Chisel (wood)	Ciseau à bois
Chord	Membrure
Chord (bottom)	Membrure inférieure
Chord (compression)	Membrure comprimée
Chord (tension)	Membrure tendue
Chord (top)	Membrure supérieure

Chute	Goulotte
Cinder	Mâchefer
Circle	Cercle
Circle (friction)	Cercle de frottement
Circuit breaker	Coupe-circuit
Circular	Circulaire
Circular transition curve	Raccordement circulaire
Circumference	Circonférence
Civil engineering	Génie civil
Civilworks	Gros œuvre
Cladding	Bardage
Cladding	Bardage en planches
Classification	Classification
Classification (concrete)	Classification des bétons
Clay	Argile
Clay (sandy)	Argile sableuse
Cleaning	Nettoiement
Cleaning	Nettoyage
Clearance	Dégagement
Clearance	Gabarit (passage)
Clearance	Jeu
Clearance	Tirant d'air
Cleat	Échantignole
Cleat	Taquet
Clerk of works	Surveillant de travaux
Client	Maître d'ouvrage
Cloakroom	Vestiaire
Coagulate (to)	Coaguler
Coarse screen	Grille de dessablage
Coat	Enduit
Coat (plaster skim)	Enduit fin
Coat (protection)	Couche de protection
Coating (protective)	Revêtement de protection
Cobble	Pavé
Coefficient of expansion	Coefficient de dilatation
Coffer dam	Batardeau
Coil	Bobine (de fils)
Coil	Botte (de fils)

Collapse (to)	Effondrer (s')
Coloured	Coloré
Colouring additive for cement	Addition de colorant au ciment
Column	Poteau
Compact (to)	Compacter
Compaction	Compactage
Compaction (soil)	Compactage de sol
Compaction by rolling	Compactage par cylindrage
Compaction by watering	Compactage par arrosage
Compactor	Compacteur
Compactor (vibrating)	Compacteur vibrant
Comparison of alternatives	Comparaison des variantes
Compass	Boussole
Completion	Achèvement
Completion date	Date d'achèvement
Completion of the works	Achèvement des travaux
Completion time	Délai
Component	Composant
Component	Organe
Compound	Composé – base vie
Compress (to)	Comprimer
Compressed	Comprimé
Compression	Compression
Compression (unconfined)	Compression simple
Compression flange	Table de compression
Concentrated	Concentré
Concentration	Concentration
Concept design	Étude d'avant-projet
Concrete	Béton
Concrete (bituminous)	Béton bitumineux
Concrete (blinding)	Béton de propreté
Concrete (cast in situ reinforced)	Béton armé coulé en place
Concrete (cinder)	Béton de mâchefer
Concrete (cyclopean)	Béton cyclopéen
Concrete (dry-mixed)	Béton malaxé à sec
Concrete (facing)	Béton de parement
Concrete (fair-faced)	Béton lisse de parement
Concrete (fill)	Béton de blocage

Concrete (first stage)	Béton de première phase
Concrete (foamed)	Béton avec entraîneur d'air
Concrete (fresh)	Béton frais
Concrete (hardened)	Béton durci
Concrete (lean)	Béton maigre
Concrete (lightweight)	Béton léger
Concrete (mass)	Béton cyclopéen
Concrete (mass)	Béton de masse
Concrete (no fines)	Béton caverneux
Concrete (ornamental)	Béton ornemental
Concrete (plastic)	Béton plastique
Concrete (pozzolanic)	Béton de pouzzolane
Concrete (precast)	Béton préfabriqué
Concrete (prestressed)	Béton précontraint
Concrete (ready-mix)	Béton prêt à l'emploi
Concrete (refractory)	Béton réfractaire
Concrete (reinforced)	Béton armé
Concrete (rich)	Béton gras
Concrete (spun)	Béton centrifuge
Concrete (stripped surface)	Béton brut de décoffrage
Concrete (structural)	Béton pour ouvrage d'art, structures béton
Concrete (vaccum)	Béton sous vide
Concrete (vermiculite)	Béton de vermiculite
Concrete (without surface treatment)	Béton brut de décoffrage
Concrete fill	Gros béton
Concrete mix	Composition du béton
Concrete mixer	Bétonnière
Concrete pump	Pompe à béton
Concreting	Bétonnage
Concreting (cold weather)	Bétonnage par temps froid
Conditions (contract)	Conditions du contrat
Conductivity	Conductibilité
Conductivity (thermal)	Conductibilité thermique
Conduit	Conduit
Cone	Cône
Connecting	Éclissage
Connection	Assemblage (liaison)

Connection	Raccord
Connection (bolted)	Assemblage par boulons
Connection (rivet)	Assemblage rivé
Connection (welded)	Assemblage soudé
Connection by fish plates	Éclissage
Consolidate (to)	Consolider
Consolidated	Compacté
Constant rate of loading	Mise en charge constante
Construction	Mise en œuvre
Construction joint (horizontal)	Joint de reprise horizontal
Consulting engineer	Bureau d'études
Contact	Contact
Content (cement)	Dosage en ciment
Content (water)	Dosage en eau
Contract (turn key)	Marché clé en main
Contract period	Durée du contrat
Contracting firm	Entreprise
Contractor	Entrepreneur
Control (cost)	Contrôle des frais
Control (quality)	Contrôle de qualité
Control (to)	Contrôler
Convention (sign)	Convention de signe
Conventional	Classique
Cooler	Réfrigérant
Coping	Couronnement (mur)
Coping (profiled)	Profilé de couverture
Copper	Cuivre
Corbel	Corbeau
Core	Noyau
Core (dam)	Noyau étanche (barrage)
Corner	Coin
Cornice	Acrotère
Cornice	Corniche
Corridor	Couloir
Cost	Coût
Cost	Prix
Cost (buying)	Coût d'achat
Cost (initial)	Coût d'achat

Cost (estimated)	Prix calculé
Cost (final)	Coût final
Cost (updated)	Prix mis à jour
Counterfort	Contrefort
Counterweight	Contrepoids
Couple	Couple
Coupler	Coupleur
Coupling	Accouplement
Course (bearing)	Couche de roulement
Course (binder)	Couche de liaison
Course (brick)	Assise de briques
Course (level)	Arasé
Cover	Tampon (couvercle)
Covering	Chape
Covering (concrete compression)	Chape de compression
Cover strip	Couvre-joint
Crack	Fissure
Crack (incipient)	Amorce de fissure
Crack (shrinkage)	Fissure de retrait
Cracking	Fissuration
Crane	Grue
Crane (beam)	Poutre de roulement
Crane (floating)	Grue flottante
Crane (mobile)	Grue mobile
Crane (overhead)	Pont roulant
Crane (tower)	Grue à tour
Crane way	Chemin de roulement
Crank	Manivelle
Creep	Fluage
Creep (surface)	Glissement de surface
Critical	Critique
Cross beam	Entretoise béton
Cross girder	Entretoise métallique
Cross section	Profil en travers
Crossed	Quadrillé
Crossfall	Devers
Crossing (level)	Passage à niveau

Crossing (zebra)	Passage clouté
Crow bar	Barre à mine
Crumbling	Effritement
Crushed	Écrasé – concassé
Crusher	Concasseur
Crushing	Broyage
Culvert (spillway)	Galerie d'évacuateur de crues
Culvert	Caniveau couvert, galerie, tuyau, égout
Cumbersome	Encombrant
Cupboard	Placard
Curing	Arrosage
Curing compound	Produit de cure
Curvature	Cintrage
Curve (catenary)	Funiculaire
Curve (flow) (atterberg)	Courbe de liquidité (atterberg)
Curve (grading)	Courbe granulométrique
Curve (hysteresis)	Courbe d'hystérésis
Curve (moisture density)	Courbe de teneur en eau – densité
Curve (penetration resistance)	Courbe de résistance à la pénétration
Curve (pressure void ratio)	Courbe pression – indice des vides
Curve (proctor)	Courbe proctor
Cut	Coupure
Cut (open)	Fouille ouverte
Cut (to)	Couper
Cut and cover technique	Construction en fouille
Cut off (sheet pile)	Parafouille en palplanches
Cut off trench	Parafouille
Cutting (acetylene)	Découpage autogène
Cutting (flamme)	Découpage au chalumeau
Cutting torch	Chalumeau oxycoupeur
Cylinder	Cylindre
Cylinder (hydrogen)	Bouteille d'hydrogène
Cylinder (oxygen)	Bouteille d'oxygène

Dam	Barrage
Dam (arch)	Barrage-voûte
Dam (buttress)	Barrage à contreforts
Dam (clay)	Barrage en argile
Dam (earthfill)	Barrage en terre
Dam (gravity)	Barrage-poids
Dam (masonry)	Barrage en maçonnerie
Dam (overflow)	Barrage déversoir
Dam (retention)	Barrage de retenue
Dam (rockfill)	Barrage en enrochements
Damage (structural)	Dégâts
Damp	Humide
Damping	Amortissement
Damp proof course	Barrière d'étanchéité
Damp proof membrane	Chape d'étanchéité
Dampness	Humidité
Data	Données
Data sheet	Fiche technique
Deal	Madrier
Debris	Éboulis
Deburr (to)	Débarber
Deduction of holes	Déduction des trous
Defect (rolling)	Défaut de laminage
Deflection	Déformation

Deflection	Déplacement
Deflection	Flèche
Deflection	Flèche (déformation)
Deflexion	Fléchissement
Defloculating agent	Agent de dispersion
Deforestation	Déboisage
Deformability	Aptitude à la déformation
Delivery	Livraison
Demolition	Démolition
Dense	Dense
Density	Densité
Density (dry)	Densité apparente sèche
Density (wet)	Densité apparente humide
Density meter	Densimètre
Deposit	Dépôt
Depth	Profondeur
Depth (beam)	Hauteur de poutre
Depth of foundation	Profondeur de la fondation
Depth of water	Hauteur d'eau
Descale (to)	Décalciner
Description of works	Description des travaux
Deshydration	Déshydratation
Desiccator	Dessiccateur
Design (contract)	Solution de base
Design and supervision of works	Étude et supervision des travaux
Design chart	Abaque
Design office	Bureau d'études
Detail	Détail
Development (site)	Aménagement du terrain
Deviation (allowable)	Écart admissible
Deviation (average)	Écart moyen
Device	Appareil
Device	Dispositif
Device (safety)	Dispositif de sécurité
Dewatering	Épuisement d'une fouille
Diaclase	Diaclase
Diagram	Courbe
Diagram	Diagramme

Diagram	Schéma
Diagram (stress)	Diagramme des contraintes
Diagram (compression)	Courbe de compression
Diagram (load settlement)	Courbe de charges
Diagram (stress-strain)	Courbe de contrainte – déformation
Dial	Cadran
Diameter	Diamètre
Diameter (core)	Diamètre à fond de filets
Diameter (inner) (I.D.)	Diamètre intérieur
Diameter (outer) (O.D.)	Diamètre extérieur
Diaphragm	Membrane
Diaphragm beam	Entretoise
Diaphragm stub	Amorce d'entretoise
Diesel	Diesel
Diffusion	Diffusion
Dig (to)	Excaver
Digit	Chiffre
Dike	Digue
Dimension	Cote (dessin)
Dimension	Dimension
Dimension (outside)	Encombrement
Dining room	Salle à manger
Direction	Direction
Disc	Disque
Discharge	Évacuation
Discharge	Refoulement
Discharge (to)	Vidanger
Discontinuous	Discontinu
Dislocation	Dislocation
Dispersion	Dispersion
Dispersion (stress)	Dispersion des contraintes
Displacement	Déplacement
Dissolve (to)	Dissoudre
Distance	Distance
Distance (cumulative)	Distance cumulée
Distance (stopping)	Distance de freinage
Distorsion	Distorsion
Distributed	Réparti

Distribution (load)	Répartition de la charge
Disturbance	Dérangement
Ditch	Fosse
Ditch	Rigole
Ditcher	Excavateur à godets
Dock	Cale (travaux maritimes)
Dock (dry)	Forme de radoub
Dock (graving)	Forme de radoub
Dockwall	Bajoyer
Dollies (overhead)	Suspentes
Dolphin	Duc-d'Albe
Dome	Coupole
Door	Porte
Door-stud	Jambage de porte
Dormer	Lucarne
Dotted line	Pointillé
Dovetail	Queue-d'aronde
Dowel	Goujon
Dowel	Taquet
Down pipe (R.W.) (rain water)	Descente E.P. (eaux pluviales)
Downstream	Aval
Dragline	Pelle en dragueline
Dragline	Drague à câble
Drag (to)	Draguer
Drain	Drain
Drain down (to)	Vidanger
Drain (to)	Drainer
Drainage	Assainissement
Draining	Vidange
Drain trap	Siphon
Draught	Tirant d'eau
Draughtsman	Dessinateur
Drawdown	Abaissement
Drawing	Dessin
Drawing	Plan
Drawing (approved)	Plan approuvé
Drawn (cold)	Étiré à froid
Drawing (construction)	Plan d'exécution

Drawing (details)	Plan de détails
Drawing (formwork)	Plan de coffrage
Drawing (layout)	Plan masse
Drawing (layout)	Plan d'implantation
Drawing (reinforcement)	Plan de ferraillage
Drawing (work shop)	Dessin d'exécution
Drawing (working)	Plan d'exécution
Dredger	Drague
Dredger (pump)	Drague suceuse
Dredger (scoop)	Drague à godets
Dredger (suction)	Drague aspirante
Dredging	Dragage
Drier	Sécheur
Drift	Broche
Drify (to)	Brocher
Drill (electric)	Perceuse électrique
Drill (masonry)	Foret de maçonnerie
Drill (to)	Forer
Drill (to)	Percer
Drill (twist)	Foret hélicoïdal
Drilling (rotary)	Forage au rotary
Drilling fluid	Boue de forage
Drilling mud	Boue de forage
Drip	Larmier
Drive (to)	Battre (pieux)
Drive in (to)	Enfoncer
Drop (pressure)	Perte de charge
Drum (payoff)	Dévidoir
Dual system	Contreventement couplé
Duct	Gaine
Duct (service)	Gaine de service
Duct (ventilation)	Gaine de ventilation
Ductility	Ductilité
Dumper	Tombereau
Dune	Dune
Dwelling	Habitation
Dwelling	Logement

Earth	Terre
Earth (reinforced)	Terre armée
Earthquake	Tremblement de terre
Earthquake engineering	Génie parasismique
Earthworks	Terrassements
East	Est
Eaves gutter	Chéneau
Ebb tide	Marée descendante
Eccentric	Excentré
Eccentricity	Excentricité
Effective	Effectif
Effective depth	Hauteur utile
Efficiency	Efficacité
Efficiency	Rendement
Efficiency factor	Rendement d'une section
Effluent	Effluent
Elastic	Élastique
Elbow	Coude
Electrician	Électricien
Electrode	Électrode
Electrode (coated)	Électrode enrobée
Electrolysis	Électrolyse
Elevated cableway crane	Blondin
Elevation	Élévation (dessin)

Elevation	Façade
Elongation	Allongement
Elongation	Élongation
Embedded	Noyé (dans du béton), encastré
Emergency	Urgence
Encasement	Cachetage
End	Extrémité
Energy	Énergie
Engineer	Ingénieur
Engineer (chief)	Ingénieur en chef
Engineer (civil)	Ingénieur génie civil
Engineer (consulting)	Ingénieur-conseil
Engineering structures	Ouvrages d'art
Enrichment	Ornement
Entrance	Entrée
Entrance hall	Hall d'entrée
Epicentre	Épicentre
Equal	Égal
Equilibrium	Équilibré
Equipment	Équipement
Erection	Montage
Error	Erreur
Error (mean) (average)	Erreur moyenne
Escalator	Escalier mécanique
Estimate	Devis
Estuary	Estuaire
Evaporation	Évaporation
Examination	Examen
Examination (x ray)	Examen aux rayons x
Excavation	Déblai
Excavation	Fouille
Excavation	Excavation
Excavation (underwater)	Fouille dans l'eau
Excavation bottom	Fond de fouille
Exchange	Échange
Excess	Surplus
Exit	Sortie
Expand (to)	Dilater (se)

Expanded	Expansé
Expansion	Dilatation
Experience	Expérience
Experimental	Expérimental
Explosives store	Dépôt d'explosifs
Extensometer	Extensomètre
External works	V.R.D.
Extrados	Extrados

F.O.S. against overturning	Facteur de stabilité
Fabric reinforcement (upper)	Treillis soudé supérieur
Fabric reinforcement (lower)	Treillis soudé inférieur
Facade	Façade
Face (tunnel)	Front d'attaque
Factor	Coefficient
Factor	Facteur
Factor (damping)	Facteur d'amortissement
Factor of safety	Coefficient de sécurité
Failure (embankment)	Glissement de remblai
Failure by rupture	Destruction par rupture
Fall	Chute
False ceiling	Faux-plafond
Falsework	Cintre
Falsework	Étaiement
Fan	Ventilateur
Fastening	Fixation
Faulting	Faille
Feature	Caractéristique
Feature (structural)	Forme de la structure
Feldspar	Feldspath
Felt	Feutre
Felting	Couches de feutre
Fence	Clôture

Fence	Palissade
Fender walling	Lierne
Ferry	Bac
Fibre	Fibre
Fibre (bottom)	Fibre inférieure
Fibre (compression)	Fibre comprimée
Fibre (extreme)	Fibre extrême
Fibre (middle)	Fibre moyenne
Fibre (neutral)	Fibre neutre
Fibre (tension)	Fibre tendue
Fibreboard	Panneau de fibres
Fibreglass	Fibre de verre
File (documents)	Dossier (documents)
File (tool)	Lime
Fill (compacted)	Remblai compacté
Fill (random)	Remblai en tout-venant
Fillet	Baguette d'angle
Fillet	Listel
Fillet	Tasseau
Filling	Comblement
Filter	Filtre
Final account	Décompte final
Finishing	Finition
Fire hydrant	Bouche d'incendie
Fire proof	Ignifuge
Fire resistance	Résistance au feu
Firestop	Coupe-feu
Fish plate	Éclisse
Fisspring	Fissuration
Fitter	Poseur
Fitting	Équipement ménager
Fittings	Accessoires
Fixing	Encastrement
Fixing	Fixage
Fixing agent	Agent de fixation
Flag stones	Dallage
Flange	Aile (de poutrelle)
Flange (lower)	Aile inférieure

Flange (projecting)	Aile saillante
Flange (top)	Aile supérieure
Flashing	Solin
Flashing (sheet metal)	Bavette
Flat	Appartement
Flat	Plat
Flight (stair case)	Volée d'escalier
Flexion (compound)	Flexion composée
Flexion (simple)	Flexion simple
Flexion	Flexion
Float	Flotteur
Float	Taloche
Float level	Niveau de poche
Flocculation	Floculation
Flood	Crue
Flood (tide)	Marée montante
Flooding	Inondation
Floor	Étage
Floor	Plancher
Floor (solid)	Dalle pleine
Floor joist	Poutrelle
Floor T-beam (reinforced)	Poutrelle en béton armé (bâtiment)
Flooring	Platelage
Flooring	Revêtement de sol
Flooring (hollow block)	Plancher en hourdis creux
Flow	Écoulement
Flow (shear)	Flux de cisaillement
Fluctuation	Variation
Flue	Conduit de fumée
Fluidity	Fluidité
Fluvial outwash	Alluvions
Flux (welding)	Flux à souder
Foaming agen	Produit moussant
Focus	Foyer
Folded plate	Voile plissé
Footbridge	Passerelle
Footing	Semelle
Footing (combined)	Fondation combinée sur semelle

Footing (continuous)	Semelle continue
Footing (isolated)	Semelle isolée
Footing (long strip)	Semelle filante
Footing (pad)	Fondation isolée
Footing (pier)	Fondation d'un pilier
Footing (shallow)	Semelle superficielle
Footpath	Voie piétonnière
Footpath surfacing	Revêtement de trottoir
Force	Effort – force
Force (bending)	Effort de flexion
Force (clamping)	Effort de serrage
Force (compressive)	Effort de compression
Force (restoring)	Force de rappel
Force (shear)	Effort tranchant
Force (tensile)	Effort de traction
Ford	Gué
Foreman	Chef de chantier
Forge (to)	Forger
Forklift truck	Chariot élévateur à fourche
Formation	Formation
Forming (cold)	Façonnage à froid
Forming (hot)	Façonnage à chaud
Formula	Formule
Formula (pile driving)	Formule de battage
Formwork	Coffrage
Formwork (lost)	Coffrage perdu
Formwork (permanent)	Coffrage permanent
Formwork (plywood)	Coffrage en contreplaqué
Formwork (sliding)	Coffrage glissant
Formwork (steel)	Coffrage métallique
Formwork (stringer)	Coffrage de limon
Formwork (temporary)	Coffrage provisoire
Formwork (timber)	Coffrage bois
Formwork (travelling)	Coffrage mobile
Formwork (travelling)	Coffrage roulant
Foulwater	Eaux-vannes
Foundation	Fondation
Foundation (deep)	Fondation profonde

Foundation (earthquake resistant)	Fondation parasismique
Foundation (long strip)	Fondation sur semelle continue
Foundation (mat)	Fondation sur radier
Foundation (pier)	Fondation sur puits
Foundation (pile)	Fondation sur pieux
Foundation (plinth)	Socle de fondation
Foundation (raft)	Fondation sur radier
Foundation (rigid)	Fondation rigide
Foundation (road)	Fondation de la chaussée
Foundation (road bed)	Fondation de route
Foundation (shallow)	Fondation superficielle
Foundation (slab)	Fondation sur semelle isolée
Foundation (stepped)	Fondation à redans
Foundation (strip)	Fondation sur semelle
Foundation block	Massif de fondation
Foundation level	Niveau de la fondation
Frame	Bâti
Frame	Cadre
Frame	Charpente
Frame (loading)	Portique de chargement
Frame (proving)	Portique d'essai
Frame (steel)	Ossature métallique
Frame stanchion	Poteau métallique de portique
Framing of beams	Poutraison
Frequency	Fréquence
Friction	Frottement
Friction (negative skin)	Frottement latéral négatif
Friction (side)	Frottement latéral
Friction (skin)	Frottement superficiel
Friction (wobble)	Frottement parasite
Frost proofing	Antigel
Fuel	Carburant
Funnel	Entonnoir

G-clamp	Serre-joint
Gable	Pignon
Gallery	Galerie
Gallery (drainage)	Galerie de drainage
Gallery (expansion)	Galerie d'expansion
Gallery (inspection)	Galerie de visite
Gallery (technical)	Galerie technique
Galvanized (hot-dip)	Galvanisé à chaud
Galvanizing	Galvanisation
Ganger	Chef d'équipe
Garage	Garage
Gargoyle	Gargouille
Gas line	Gazoduc
Gauge	Capteur
Gauge	Jauge
General foreman	Conducteur de travaux
Generator	Groupe électrogène
Geodesy	Géodésie
Geologist	Géologue
Girder	Poutre
Girder	Poutre (métal)
Girder (bending)	Poutre fléchie
Girder (box)	Poutre caisson
Girder (cantilever)	Poutre cantilever

Girder (continuous)	Poutre continue
Girder (gantry)	Poutre de roulement
Girder (hollow)	Poutre creuse
Girder (I)	Poutre en I
Girder (lattice)	Poutre à treillis
Girder (main)	Poutre principale
Girder (solid web)	Poutre à âme pleine
Girderage	Poutraison
Give (to)	Donner
Gland nut	Presse-étoupe
Glass	Verre
Glass wool	Laine de verre
Glassfiber	Fibre de verre
Glazier	Vitrier
Gloves	Gants de travail
Glue (to)	Coller
Gneiss	Gneiss
Goggles	Lunettes de protection
Grab	Pelle en benne preneuse
Grade (down)	Pente descendante
Grade (up)	Pente ascendante
Grade of steel	Qualité d'acier
Grader	Niveleuse
Gradient	Gradient
Gradient (temperature)	Gradient thermique
Grain size	Diamètre des grains
Granite	Granit
Granulometry	Granulométrie
Grating	Caillebotis
Grating	Grillage
Grating	Grille
Gravel	Graviers
Gravel (crushed)	Graviers concassés
Gravel (rolled)	Graviers roulés
Gravel-pit	Ballastière
Gridded	Quadrillé
Grind (to)	Meuler – moudre
Grinding	Broyage

Grinding wheel	Meule
Groove	Saignée
Groove	Rainure
Groove (cylindrical)	Évidement cylindrique
Gross weight	Poids brut
Ground	Sol
Ground	Terrain
Ground beam	Longrine
Ground floor	Rez-de-chaussée
Grounds	Taquets
Grout	Coulis
Grout (bitumen)	Coulis de bitume
Grout (cement)	Coulis de ciment
Grout (injection)	Coulis d'injection
Grout (to)	Injecter
Grouting	Injection de coulis
Grouting (joint)	Clavage des joints
Grouting (joint)	Injection des joints
Guarantee (ten-years)	Garantie décennale
Guiding edge strip	Bande latérale
Gully	Ravin
Gully (road)	Avaloir
Gun (cement)	Canon à ciment
Gunite	Béton projeté
Guniting	Gunitage
Gusset plate	Gousset
Gutter	Caniveau
Gutter	Rigole
Guy lines	Haubans
Gypsum	Gypse
Gypsum board	Placoplâtre

Hair crack	Fissure de retrait
Hall (meeting)	Salle de réunion
Hammer	Marteau
Hammer (drop)	Mouton à déclic
Hammer (gravity)	Mouton sec
Hammer (lump)	Massette
Hammer (pile)	Mouton
Hammer (pneumatic)	Brise-béton
Hammer (sledge)	Masse
Hammer (steam)	Mouton à vapeur
Hand made	Exécuté à la main
Hand rail	Main courante
Hand truck	Diable (chariot)
Handing over	Réception des travaux
Handle	Poignée
Handling	Manutention
Hand-railing	Garde-corps
Hangar	Hangar
Hanger	Étrier de suspension
Hardboard	Isorel
Hardcore	Empierrement
Hardened	Durci
Hardening	Durcissement
Hardstanding	Voile d'arrêt

Harness	Harnais
Hatchet	Hachette
Haunch	Gousset (B.A.)
Header	Solive de bordure
Head (jetty)	Musoir de jetée
Head (jetty)	Môle de jetée
Heat	Chaleur
Heat lost	Déperdition thermique
Heating (central)	Chauffage central
Heating (district)	Chauffage collectif
Heating (rivet)	Chauffage des rivets
Heave (frost)	Gonflement par le gel
Heave (to)	Soulever (se)
Heaving	Soulèvement
Heavy	Lourd
Heel	Talon
Heel (footing)	Bêche de mur de soutènement
Height	Hauteur
Height (average)	Hauteur moyenne
Height (lifting)	Hauteur de levage
Height (overall)	Hauteur hors tout
Height (structure)	Hauteur de l'ouvrage
Helical binding	Frettage par hélices
Helmet (safety)	Casque
Hemp	Chanvre
Herring bone shuttering	Croisillons
High	Haut
Highway	Voie publique
Hill	Colline
Hinge	Articulation
Hinge	Charnière
Hinge (abutment)	Articulation de culée
Hinge (crown)	Articulation à la clé
Hinge (plastic)	Rotule plastique
Hip (roof)	Arêtier (toit)
Hoist (chain)	Palan à chaîne
Hole	Trou
Hole (trial)	Forage d'essai

Hollow clay block	Hourdis
Hollow pot	Bloc creux
Honeycomb	Nid-d'abeille
Honeycomb structure	Nid-d'abeille (structure)
Hood	Coiffe
Hook	Crochet
Hook (lifting)	Crochet de levage
Hoop	Spire
Hoop (rectangular)	Cadre d'armature
Hoops	Cerces
Hopper	Trémie
Horizontal	Horizontal
Hose	Tuyau
Hose (rubber)	Tuyau de caoutchouc
House	Maison
Hurricane	Ouragan
Hut	Baraque de chantier
Hydrostatic	Hydrostatique
Hypocentre	Foyer d'un séisme
Hypothesis	Hypothèse

Impermeable	Imperméable
Impervious	Étanche
Improvement	Perfectionnement
In place	En place
Inclement weather	Mauvais temps
Inclination	Inclinaison
Inclined	Incliné
Increase (to)	Augmenter
Increment	Accroissement
Increment	Augmentation
Index	Indice
Index (abrasion)	Coefficient d'usure
Index (liquid)	Indice de liquidité
Index (plasticity)	Indice de plasticité
Inertia	Inertie
Influence	Influence
Influence line	Ligne d'influence
Information	Renseignement
Infrared analyser	Analyseur infrarouge
In situ	In situ
Inside	Intérieur
Inspection cover	Regard de visite
Installation of roads and services	V.R.D. (voirie réseaux drainage)

Insulation	Calorifugeage
Insulation (polystyrene filling)	Isolation thermique en polystyrène
Insulation (sound)	Isolation phonique
Insulation (thermal)	Isolation thermique
Intake (water)	Prise d'eau
Integral	Intégrale (maths)
Intensity of ground motion	Intensité d'un séisme
Interchange	Échangeur
Interface	Interface
Interlocking	Agrafes
Intermediate	Intermédiaire
Internal	Interne
Intersection	Intersection
Intrados	Intrados
Inundation	Inondation
Invert	Radier
Invitation to tender	Appel d'offre
Invitation to tender	Adjudication
Iron	Fer
Iron (wrought)	Fer forgé
Ironmongery	Quincaillerie de bâtiment
Irrigation	Irrigation
Island	Île
Isotropic	Isotrope
Item	Article

Jack	Cric – vérin
Jack (blocking)	Vérin de blocage
Jack (double acting)	Vérin double effet
Jack (flat)	Vérin plat
Jack (hydraulic)	Vérin hydraulique
Jack (screw)	Vérin à vis
Jack (stressing)	Vérin de mise en tension
Jack (wedging)	Vérin à clavettes
Jack with wedges	Vérin à clavettes
Jack-hammer	Marteau-piqueur
Jamb	Montant
Jaw	Mâchoire
Jetty	Jetée
Joiner	Menuisier
Joinery	Bois (scié à la dimension)
Joinery	Menuiserie
Joint	Joint
Joint	Assemblage
Joint (bevelled)	Joint biais
Joint (bolted bridle)	Embrèvement boulonné
Joint (bridge expansion)	Joint de chaussée
Joint (butt)	Joint sec
Joint (caulked)	Joint maté
Joint (construction)	Joint de construction

Joint (contraction)	Joint de retrait
Joint (dry)	Joint sec
Joint (expansion)	Joint de dilatation
Joint (flush)	Joint lisse
Joint (hinged)	Joint articulé
Joint (hollow)	Joint creux
Joint (lap)	Joint à recouvrement
Joint (match-cast)	Joints conjugués
Joint (mitre)	Onglet
Joint (returned lapped)	Joint retroussé
Joint (sawn)	Joint scié
Joint (shrinkage)	Joint de retrait
Joint (skew)	Joint biais
Joint (tight)	Joint étanche
Joint (to)	Assembler
Joint (welded)	Joint soudé
Joist	Poutrelle
Joist	Solive
Joist (tail)	Solive boiteuse
Joist (trimmed)	Entrait retroussé
Joist (trimmer)	Solive d'enchevêtrure
Jumping drill	Barre à mine

Kaolin	Kaolin
Kerbstone	Bordure de trottoir
Key (shear)	Clé de cisaillement
Key (drawing)	Légende
Key (wall)	Adent
Keying (slab)	Clavage des dalles
Kinematic	Cinématique
Kitchen	Cuisine

Laboratory	Laboratoire
Labour	Main-d'œuvre
Labour (skilled)	Main-d'œuvre qualifiée
Labourer	Manœuvre
Ladder	Échelle
Lagoon	Lagon
Lamp (inspection)	Balladeuse
Land register	Cadastre
Landing	Palier
Landscaping	Aménagement d'un espace vert
Landslide	Glissement de terrain
Lane (rural)	Chemin rural
Later	Ultérieur
Lateral	Latéral
Lath	Latte
Launching	Lançage
Launching truss	Lanceur
Lay out	Implantation
Lay-by	Garage (tunnel), zone d'arrêt (autoroute)
Layer	Lit (aciers)
Layer	Poseur
Layer	Passe (soudage)
Layer (clay)	Couche d'argile

Layer (heat-insulation)	Couche d'isolation thermique
Layer (protective concrete)	Couche protectrice en béton
Layer (surface)	Couche superficielle
Layer of chippings	Couche de gravillons
Layer of soil	Couche de remblai
Laying (down)	Pose
Leakage	Fuite
Lean	Maigre
Ledge	Rebord
Left	Gauche
Leg	Aile (de cornière)
Leg (inclined)	Béquille
Length	Longueur
Length (effective)	Longueur utile
Length (lap)	Longueur de recouvrement
Length (overall)	Longueur hors tout
Less	Moins
Let in ribbon	Lambourde engravée
Level	Niveau
Level	Niveau de chantier
Level (piezometric)	Niveau piézométrique
Level out (to)	Niveler
Levelling	Aplanissement
Levelling	Nivellement
Lever	Levier
Lever (hand)	Manette
Lever arm	Bras de levier
Lift	Ascenseur
Lift (goods)	Monte-charge
Lift (to)	Lever
Liftcar	Cabine d'ascenseur
Liftwell	Gaine d'ascenseur
Lighting	Éclairage
Lightning conductor	Paratonnerre
Lime	Chaux
Lime (quick)	Chaux vive
Lime (slaked)	Chaux éteinte
Limestone	Calcaire

Limit	Limite
Line (bridge center)	Axe du pont
Line (contour)	Courbe de niveau
Line (dotted)	Pointillé
Line (reference)	Ligne de référence
Line (set out)	Axe de chaussée
Line (traffic)	Voie de circulation
Line (wall)	Alignement d'un mur
Lining	Chemisage
Lining	Revêtement (bâtiment)
Lining (concrete)	Revêtement en béton
Link	Articulation
Link	Épingle
Link (of a chain)	Maillon
Lintel	Linteau
Lip	Balèvre
Liquefaction	Liquéfaction
Liquid	Liquide
Live load	Surcharges
Living room	Salon
Load	Charge
Load (axial)	Effort normal
Load (dead)	Poids propre
Load (Euler buckling)	Charge critique d'Euler
Load (failure)	Charge de rupture
Load (live)	Charge utile
Load (moving)	Charge mobile
Load (operating)	Charge d'exploitation
Load (permissible)	Charge admissible
Load (pile bearing)	Charge d'un pieu
Load (point)	Charge concentrée
Load (static)	Charge statique
Load (test)	Charge d'épreuve
Load (total)	Charge totale
Load (ultimate)	Charge de rupture
Load (uniformly distributed)	Charge répartie
Load (wind)	Charge de vent
Load (working)	Charge de service

Load carrying capacity	Capacité portante
Load effect	Sollicitation
Loader	Chargeuse
Loading case	Cas de charge
Loam	Limon
Lobby	Vestibule
Local authority	Administration publique locale
Location	Emplacement
Location	Situation
Lock	Écluse
Lock-nut	Contre-écrou
Loft	Grenier
Longitudinal section	Profil en long
Loop	Boucle
Loosen (to)	Desserrer
Loosening	Desserrage
Lorry	Camion
Loss (friction)	Perte par frottement
Loss (heat)	Perte de chaleur
Loss (stress)	Chute de tension
Loss (water)	Perte d'eau
Low tide	Basses eaux
Lower	Inférieur
Lower bars of the beam	Barres inférieures de sous-poutre
Lowering of the water table	Abaissement de la nappe phréatique
Lubricate (to)	Graisser
Lubricate (to)	Lubrifier
Lug	Attache
Lug	Ergot
Lump sum	Forfait

Macadam	Macadam
Machining	Usinage
Magnet	Aimant
Magnitude	Magnitude
Main	Principal
Maintenance	Entretien
Making good	Ragréage
Mallet (wooden)	Maillet en bois
Manhole	Regard – trou d'homme
Manometer	Manomètre
Manufacturer	Fabricant
Marble	Marbre
Marl	Marne
Marsh	Marécage
Mason	Maçon
Mast	Mât
Mast	Pylône
Mast (lattice)	Mât en treillis
Mast (stayed)	Mât haubané
Matchboard	Planche profilée
Matchboarding	Lambris
Material	Matériau
Material (borrow)	Matériau d'emprunt
Material (building)	Matériau de construction

Material (raw)	Matière première
Matrix-cement	Liant hydraulique
Maximum	Maximum
Mean	Moyenne
Means	Moyen (utilisation)
Measure	Mesure
Measurement	Métré
Measurement (settlement)	Mesure de tassement
Mechanical	Mécanique
Medium hard	Mi-dur
Member	Élément
Mesh	Grillage
Mesh	Maille
Metal (lightweight)	Métal léger
Metal latting (expanded)	Métal déployé
Meter	Mètre
Method	Méthode
Method (graphical)	Méthode graphique
Mezzanine	Mezzanine
Mica	Mica
Microcrack	Microfissure
Middle	Médian
Middle	Milieu
Middle third	Noyau central
Mill (rolling)	Laminoir
Mill scale	Calamine
Millimeter	Millimètre
Mine	Mine
Mining by blasting	Abattage à l'explosif
Miscellaneous	Divers
Mitre box	Boîte à onglets
Mix (to)	Malaxer
Mixture	Mélange
Model	Maquette
Modulus	Module
Modulus of elasticity	Module d'élasticité
Mohr's circle	Cercle de Mohr
Moment	Moment

Moment (bending)	Moment fléchissant
Moment (biaxal)	Moment de flexion déviée
Moment (fixed end)	Moment d'encastrement
Moment (span)	Moment en travée
Moment (statical)	Moment statique
Moment (support)	Moment sur appui
Moment (twisting)	Moment de torsion
Moment of inertia	Moment d'inertie
Monkey wrench	Clé anglaise
Monorail	Monorail
More	Plus
Mortar	Mortier
Mortar (bonding)	Mortier de pose
Mortar (cement)	Mortier de ciment
Mortar (lime)	Mortier de chaux
Mortar (quick setting)	Mortier à prise rapide
Mortar (rendering)	Mortier d'enduit
Mortar slow setting	Mortier à prise lente
Mortaring in	Scellement
Mortise	Mortaise
Motorway	Autoroute
Motorway (toll)	Autoroute à péage
Move (to)	Déplacer (se)
Mucking out	Marinage des déblais
Mud	Boue
Mullion	Meneau

Nail	Clou
Nail	Pointe
Nail bar	Arrache-clou
Nailing (secret)	Clouage invisible
Narrow	Étroit
Natural	Naturel
Neoprene	Néoprène
Neoprene weather baffle	Joint en néoprène
Network	Réseau
Nitrogen	Azote
Node	Nœud
Nominal	Nominal
Non-skid	Antidérapant
Non-yielding	Rigide
Normal	Normal
North	Nord
Nose (pier)	Nez de pile
Nosing	Avant-bec
Not to scale (N.T.S.)	Non à l'échelle
Notch	Échancrure
Notch	Encoche
Notch (to)	Entailler
Notch (to)	Gruger
Nuclear	Nucléaire

Null	Nul
Number	Nombre
Number (serial)	Numéro d'ordre de série
Nut	Écrou
Nut (hexagonal)	Écrou hexagonal

Occupancy categories	Classes d'ouvrages
Oedometer	Œdomètre
Office	Bureau
Office block	Immeuble de bureaux
Oil (mould)	Huile de décoffrage
Oil can	Burette à huile
Open	Ouvert
Opening	Ouverture
Optional	Facultatif
Outlet (main)	Exutoire principal
Output	Débit
Output	Rendement
Oval shaped	Ovale
Oven-dried	Sèche à l'étuve
Overflow	Trop-plein
Overflow (storm water)	Déversoir d'orage
Overground	Aérien
Overhang	Porte à faux
Overhang	Surplomb
Overheads	Frais généraux
Overlapping (bars)	Recouvrement des barres
Overpass	Passage supérieur
Oversailing	Surplomb
Oversize	Surépaisseur

Overstrained	Déformé au-delà de la limite élastique
Overstress	Dépassement de contrainte
Overstretching	Surtension
Overturning	Renversement

Packing	Emballage, calage
Padlock	Cadenas
Paint	Peinture
Paint (asphaltic)	Peinture bitumineuse
Paint (rust-protective)	Peinture antirouille
Painter	Peintre
Pane	Carreau
Panel	Panneau
Panel	Plaque
Panel (control)	Tableau de commandes
Parapet	Parapet
Parge-coat	Crépi
Part	Pièce
Partition	Cloison
Partial	Partiel
Patent	Brevet
Patented system	Méthode brevetée
Path	Chemin
Pavement	Chaussée
Pavement	Dalle de roulement
Pavement	Dallage
Pavement	Trottoir
Paving	Pavage
Pea-gravel	Gravillon

Peat	Tourbe
Pebble	Caillou
Pedestal	Embase
Penetration	Pénétration
Penetration (welding)	Pénétration (soudure)
Penetrometer	Pénétromètre
Penstock	Conduite forcée
Penthouse	Attique
Performance	Rendement
Perimeter	Circonférence
Perimeter	Périmètre
Permeameter	Perméamètre
Perpendicular	Perpendiculaire
Petrol	Essence
Pick	Pioche
Pickaxe	Pioche
Pier	Pile
Pier (window)	Trumeau
Pier segment	Voussoir sur pile
Pile	Pieu
Pile (cast in place)	Pieu moulé dans le sol
Pile (floating)	Pieu flottant
Pile (in situ)	Pieu in situ
Pile (point)	Pointe du pieu
Pile (point bearing)	Pieu résistant à la pointe
Pile (precast-concrete)	Pieu préfa
Pile (raking)	Pieu incliné
Pile (sand)	Pieu à sable
Pile (screw)	Pieu à vis
Pile (steel)	Pieu en acier
Pile (timber)	Pieu en bois
Pile cap	Semelle sur pieu
Pile cap	Tête de pieu
Pile cut off	Recépage du pieu
Pile driving	Battage de pieux
Pile group	Pieux (faisceau de)
Pile tip	Pointe du pieu
Pile-cap	Virole

Pin	Goupille
Pin	Tourillon
Pin (metal)	Pion
Pinned	Rotule
Pipe	Tuyau (rigide)
Pipe (cement)	Tuyau en ciment
Pipe (filter)	Tuyau filtrant
Pipe (steel)	Tuyau en acier
Pipe (sump)	Tuyau de vidange
Pipe (tremie)	Tube de bétonnage
Pipe fitting	Accessoire de canalisation
Pipe line (pressure)	Canalisation sous pression
Piper	Tuyauteur
Piping	Canalisation – tuyauterie
Piston (ramming)	Piston de blocage
Pit	Fossé
Pitch	Brai
Placing	Mise en place
Plane	Rabot
Plane	Plan (surface)
Plane (mid)	Plan moyen
Plane (shear)	Plan de cisaillement
Plank	Planche
Planner (town)	Urbaniste
Planning permission	Permis de construire
Plant	Équipement d'usine
Plant	Usine
Plant	Matériel de chantier
Plant driver	Conducteur d'engin
Plaster	Plâtre
Plasterboard	Carreau de plâtre
Plasterboard	Placoplâtre
Plastering	Enduit au plâtre
Plasticizer	Fluidifiant
Plasticizer	Plastifiant
Plate	Tôle
Plate (checkered)	Tôle larmée
Plate (sewer)	Plaque d'égout

Plate (steel)	Platine (plaque de métal)
Pliers	Pinces
Plinth	Plinthe
Plinth	Soubassement
Plug	Bouchon
Plug	Prise électrique mâle
Plug	Tampon
Plugging	Colmatage
Plumb line	Fil à plomb
Plumber-tinsmith	Plombier-zingueur
Plumbline	Aplomb
Ply	Brin (toron)
Plywood	Contreplaqué
Pocket	Réservation (scellement)
Point (to)	Jointoyer
Poisson's ratio	Coefficient de Poisson
Poker vibrator	Aiguille vibrante
Pole	Poteau électrique
Polygon of forces	Polygone des forces
Porch	Auvent
Porosity	Porosité
Porous	Poreux
Portal frame	Portique
Post (mooring)	Pieu d'amarrage
Pot hole	Cloche d'effondrement
Power station (hydraulic)	Centrale hydraulique
Power station (nuclear)	Centrale nucléaire
Power station (thermal)	Centrale thermique
Pozzolana	Pouzzolane
Preboring	Avant-puits
Precast (to)	Préfabriquer
Preheating	Préchauffage
Preliminary design	Avant-projet
Preliminary estimation of quantities	Avant-métré
Preliminary studies	Études préliminaires
Preloading	Préchargement
Press	Presse

Press (to)	Emboutir
Pressure	Pression
Pressure (active earth)	Poussée des terres
Pressure (arch)	Poussée de voûte
Pressure (earth)	Pression des terres
Pressure (passive earth)	Butée des terres
Pressure drop	Baisse de pression
Pressure vessel	Caisson (réacteur)
Prestress (to)	Mettre en précontrainte
Prestress (to)	Précontraindre
Prestressing	Précontrainte
Prestressing anchorage block	Bossage
Prestressing by bonbed wires	Précontrainte par fils adhérents
Prestressing by cables	Précontrainte par câbles
Price	Prix
Price (lump)	Prix forfaitaire
Principle of superposition	Principe de superposition
Produced (mass)	Fabrique en série
Production line	Banc de fabrication
Profile	Profil
Profit margin	Marge bénéficiaire
Project	Projet
Project management	Direction de projet
Prop	Étai
Prop (to)	Étayer
Proprietary system	Méthode brevetée
Proportioning	Dimensionnement
Protection against corrosion	Protection de la corrosion
Proving ring	Anneau dynamométrique
Public services	Services publics
Pulley	Poulie
Pumice	Pierre ponce
Pump (submersible)	Pompe immergée
Pump fed	Alimenté par pompe
Pumping	Pompage
Pumping station	Station de pompage
Punch	Poinçon
Punching	Poinçonnement

Purlin	Panne (poutre)
Purpose	But[*]
Putty	Mastic
Pylon	Pylône

Quality	Qualité
Quantity	Quantité
Quantity surveyor (Q-S)	Métreur
Quarry	Carrière
Quarry run	Tout-venant
Quartz	Quartz
Quay	Quai
Quicksand	Sable mouvant ou renard

Rabbet	Feuillure
Radian	Radian
Radius (bending)	Rayon de courbure
Radius of gyration	Rayon de giration
Radius of influence	Rayon d'influence
Rafter	Chevron
Rafter (jack)	Empannon
Rafter (principal)	Arbalétrier
Rail	Bastaing
Rail	Lisse
Rail	Rail
Railway	Chemin de fer
Railway	Voie ferrée
Rainwater	Eaux pluviales
Rainwater down-pipe	Tuyau de descente
Rake	Râteau
Raker	Bracon
Ramming	Bourrage
Ranging rod	Jalon
Rasp	Râpe
Rate	Cadence
Rate	Prix
Ratio	Rapport
Ratio (shrinkage)	Indice de retrait

Ratio (void)	Indice des vides
Re-use	Réemploi
Reaction	Réaction
Reaction at support	Réaction d'appui
Reactor (nuclear)	Réacteur nucléaire
Ream (to)	Aléser
Reaming	Alésage (opération)
Recess	Évidement
Record	Enregistrement
Record (driving)	Carnet de battage
Reducer	Réducteur
Reel	Touret
Reeve (to) (a wire line)	Moufler un câble
Refusal of a pile	Refus d'un pieu
Reinforcement	Acier à béton
Reinforcement	Ferraillage
Reinforcement (cantilever)	Armature de console
Reinforcement (compressive)	Armature de compression
Reinforcement (helical)	Frettage en hélice
Reinforcement (longitudinal)	Armature longitudinale
Reinforcement (main)	Armature principale
Reinforcement (pile)	Armature de pieu
Reinforcement (prestressing)	Armature de précontrainte
Reinforcement (tensile)	Armature de traction
Reinforcement (transverse)	Armature transversale
Reinforcement (vertical)	Armature verticale
Reinforcement (welded mesh)	Armature en treillis soudé
Relax (to)	Détendre
Relay	Relais
Reliability	Fiabilité
Relocate (to)	Déplacer
Removable	Amovible
Removal	Transport
Rendering	Crépi
Rendering	Enduit
Rendering	Enduit extérieur
Rendering (smooth)	Enduit lisse
Rendering (tyrolean)	Enduit tyrolien

Repair	Réparation
Repartition (load)	Répartition des contraintes
Report	Compte rendu
Report	Rapport (document)
Requirement	Condition requise
Reservation (central)	Terre-plein central
Reservoir	Bassin
Reservoir	Réservoir
Reservoir (impounding)	Lac de barrage
Residual stress	Contrainte résiduelle
Resin	Résine
Resin bonded	Colle à la résine synthétique
Response spectrum	Spectre de réponse
Restrained	Encastré
Restrained at both ends	Encastré aux deux extrémités
Restriction	Étranglement
Result	Résultat
Resultant	Résultante
Retarding agent	Retardateur de prise
Retrofit (earthquake)	Renforcement du bâti ancien (séisme)
Reverse slope	Contre-pente
Revetment	Parement
Rib	Nervure
Ridge	Faîte
Ridge board	Panne faîtière
Ridge gusset plate	Ferrure de faîtage
Ridgebeam	Arbalétrier
Rig (core drill)	Équipement pour forage tubé
Rigidity	Raideur
Rigidity	Rigidité
Ring	Bague
Ring (clamping)	Collier de serrage
Ring (leather gasket)	Joint de cuir (vérin)
Riprap	Enrochement
Riprap	Perré
Riser	Contremarche
River	Fleuve, rivière

Rivet	Rivet
Rivet (button head)	Rivet à tête ronde
Rivet (to)	River
Riveted (cold)	Rivé à froid
Riveted (hot)	Rivé à chaud
Road	Route
Road (access)	Bretelle (viaduc)
Road (access)	Route d'accès
Road (barrel)	Route bombée
Road (one way)	Route à sens unique
Road (trunk)	Route nationale
Road (two lanes)	Route à deux voies
Road kerb	Bordure de trottoir
Road sign	Panneau de signalisation
Road stead	Rade
Rock	Roche
Rock fill	Enrochement
Rock removal	Dérochage
Rod (welding)	Baguette électrode de soudure
Rods (connecting)	Fers de liaison
Roller	Rouleau
Roller (drum)	Rouleau cylindre
Roller (sheepsfoot)	Rouleau pieds-de-mouton
Roller (tamping)	Rouleau dameur
Roller (tamping)	Rouleau vibrant
Roller-track	Chemin de roulement
Rolling	Laminage
Roof	Toiture
Roof (double pitch)	Toit à deux pentes
Roof (flat)	Toit plat
Roof (hipped)	Toit à quatre pentes
Roof (lean to)	Toiture en appentis
Roof (mansard)	Toiture à la Mansart
Roof (monopitch)	Toiture à une seule pente
Roof (pitched)	Toiture inclinée
Roof (sawtooth)	Toit (forme d'usine)
Roof (sawtooth)	Toiture à redans
Roof (shell structure)	Toit coque

Roof (single pitch)	Toit à une pente
Roof boarding	Frisette
Roof light	Velux
Roof pitch	Pente du toit
Roof space	Comble
Roof truss	Fermé
Roofer	Couvreur
Roofing	Couverture
Room	Pièce
Room (control)	Salle de commande
Rooter	Défonceuse
Rope	Corde
Rotary cutter	Tronçonneuse
Rough	Brut
Rough	Rugueux
Rough boarding	Voligeage
Rough timber boarding	Entrevous
Roughness	Rugosité
Routing	Acheminement
Row	Bande
Row	Rangée
Rubber	Caoutchouc
Rubber (reinforced, bounded)	Caoutchouc fretté
Rubble	Blocage
Run	Balèvre
Rung	Échelon
Runway	Chemin rural
Runway	Piste d'atterrissage
Rupture	Rupture
Rust	Rouille
Rust layer	Couche de rouille
Rust protective agent	Moyen de protection contre la rouille

Safety	Sécurité
Safety against overturning	Stabilité au renversement
Safety margin	Marge de sécurité
Safety requirement	Condition de sécurité
Sample	Échantillon
Sample	Éprouvette
Sample (borehole)	Carotte
Sample (boring)	Échantillon prélevé dans un forage
Sample (test)	Échantillon d'essai
Sampler	Appareil de prise d'échantillon
Sampling	Prélèvement d'échantillon
Sand	Sable
Sand (coarse)	Sable grossier
Sand (fine)	Sable fin
Sand blasting	Sablage
Sand trap	Dessableur
Sandstone	Grès
Sanitary fitting	Appareil sanitaire
Saturation	Saturation
Saw (bow)	Scie à archet
Saw (circular)	Scie circulaire
Saw (hack)	Scie à métaux
Saw (hand)	Scie égoïne
Saw tooth truss	Shed

Scabble (to)	Repiquer
Scaffolding	Échafaudage
Scale	Échelle (d'un plan)
Schedule of works	Bordereau de travaux
Schist	Schiste
Scope	Étendue – plan
Scour	Affouillement
Scraper	Décapeuse
Screed	Chape
Screed (concrete compression)	Chape de compression
Screen	Claie
Screen	Écran
Screw	Vis
Screw (to)	Visser
Screw auger	Tarière
Screwdriver	Tournevis
Screwdriver (Philips)	Tournevis cruciforme
Scriber	Trusquin
Scrub (to)	Brosser
Sea	Mer
Seal	Scellement
Seal (bituminous)	Étanchement bitumineux
Seal (clay)	Joint de terre glaise
Seal (expanded polyethylene)	Joint en mousse de polyéthylène
Seal (leak proof)	Joint étanche
Seal (rubber)	Joint caoutchouc
Seal (to)	Colmater
Sealing off	Étanchement
Secondary	Secondaire
Secondary time effect	Effet secondaire du temps
Section	Coupe
Section	Section
Section (homogeneous)	Section homogène
Section (longitunal)	Coupe longitudinale
Section (net)	Section nette
Section (transversal)	Coupe transversale
Security	Sûreté
Sediment	Sédiment

Sedimentation	Décantation
Sedimentation tank	Bassin de décantation
Seepage	Infiltration
Segment	Voussoir
Segment (hinge)	Voussoir d'articulation
Segment (match-cast)	Voussoir conjugué
Segregation	Ségrégation
Seismic waves	Ondes sismiques
Seismic zone	Zone sismique
Seismogram	Sismogramme
Seismograph	Sismographe
Self locking	Autoblocage
Self supporting	Autoportant
Self-sinking	Havage (caisson)
Services	Équipements techniques
Set of spanners	Jeu de clés
Setting	Prise
Setting time	Temps de prise
Setting up of site	Installations de chantier
Settlement	Enfoncement
Settlement	Tassement
Settlement (differential)	Tassement différentiel
Settlement observation	Observation de tassement
Sewage	Eaux d'égout
Sewer	Collecteur
Sewer	Égout
Sewerage	Réseau d'égout
Sewerage	Réseau d'évacuation
Shaft	Arbre (mécanique)
Shaft	Manche
Shaking	Secousse
Shallow	Peu profond
Shear	Cisaillement
Shear box	Boîte de cisaillement
Shear strength	Résistance à la rupture – cisaillement
Sheat	Couverture
Sheet (data)	Notice de documentation

Sheet (fluted)	Tôle pliée
Sheet (steel)	Tôle d'acier
Sheet lead	Feuille de plomb
Sheet metal (corrugated)	Tôle ondulée
Sheet metal (galvanized)	Tôle galvanisée
Sheet metal (pressed)	Tôle ondulée
Sheet metal flashing	Bavette
Sheet pile	Palplanches
Sheet pile (caisson)	Batardeau
Sheet pile bulkhead	Batardeau à cellule
Sheet pile screen	Écran de palplanches
Sheet pile screen	Niveau de palplanches
Sheet zinc	Tôle en zinc
Sheeting	Blindage
Sheeting (polyethylene)	Feuille de polyéthylène
Shell	Coque – coquille
Shelter	Abri
Shelter (bomb)	Abri antibombes
Shelter (nuclear bomb)	Abri antiatomique
Shelter (underground)	Abri souterrain
Shield	Bouclier
Shift (working)	Équipe de travail
Shifting	Décalage
Shim (to)	Caler
Shingle (asphalt)	Bardeau d'asphalte
Shingle (wood)	Bardeau de bois
Shipping	Expédition par bateau
Shock table	Table à secousse
Shoe	Sabot
Shore	Rive – côte (océan)
Shortage	Pénurie
Shortening	Raccourcissement
Shoulder (soft)	Accotement non stabilisé
Shovel	Pelle
Shovel (face)	Pelle en butte
Shovel (power)	Pelle mécanique
Shrinkage	Retrait
Shrinkage (linear)	Retrait linéaire

Shuttering	Coffrage
Side elevation	Vue de côté
Side of shaft	Paroi d'un puits
Side wall	Bajoyer
Sieve	Crible
Sieve	Tamis
Sign	Signe
Sign board	Signal routier
Silica	Silice
Silicate	Silicate
Sill	Lisse basse
Sill	Seuil (porte)
Sill (window)	Appui de fenêtre
Silo	Silo
Silt	Limon
Silting up	Alluvionnement
Simple	Isolé
Single	Unique
Sink hole	Entonnoir
Sink unit	Évier
Sinking	Fonçage
Sinking of pit foundation	Fonçage de puits en fondation
Siphon (inverted)	Siphon
Site	Chantier
Site	Site
Site agent	Directeur de travaux
Site selection	Choix du site
Size (overall)	Dimension hors tout
Sketch	Épure
Sketch	Croquis
Skid proof	Antidérapant
Skimmed off	Impuretés
Skin	Paroi
Skin (external)	Paroi extérieure
Skin (internal)	Paroi intérieure
Skip (concreting)	Benne de bétonnage
Skylight	Lanterneau
Slab	Dalle

Slab (fixed edge)	Dalle encastrée aux extrémités
Slab (foundation)	Dalle de fondation
Slab (hollow)	Dalle élégie
Slab (hollow pot floor)	Dalle en corps creux
Slab (landing)	Palier (escalier)
Slab (one way)	Dalle travaillant dans un sens
Slab (precast)	Prédalle
Slab (reinforced concrete floor)	Dalle de plancher en béton armé
Slab (reinforced concrete floor)	Dalle pour plancher en béton armé
Slab (ribbed)	Dalle nervurée
Slab (suspended)	Dalle suspendue
Slab (transition)	Dalle de transition
Slab (two way)	Dalle travaillant dans deux sens
Slab (waffle)	Dalle caissonnée
Slab (waist)	Volée (escalier)
Slate	Ardoise
Sleeper	Traverse
Sleeve	Chemise
Sleeve	Fourreau
Sleeve	Manchon
Sleeve (connecting)	Manchon de raccordement
Sleeving	Buse
Slenderness	Élancement
Slide area	Aire de glissement
Slide (to)	Glisser
Sling	Élingue
Slipway	Rampe (lancement de navire)
Slope	Pente
Sludge	Boue
Sludge drying bed	Lit de séchage
Slump	Affaissement
Slump test	Affaissement au cône d'Abrams
Slurry	Coulis
Slurry	Mortier de ciment
Smooth	Uni
Smoothing	Lissage
Snow	Neige
Socket	Douille

Socket outlet	Prise électrique femelle
Soffit	Dessous de poutre
Soft	Meuble (sol)
Soil (bearing)	Terrain portant
Soil (natural)	Terrain naturel
Soil investigation	Étude du sol
Soil scientist	Pédologue
Soilwater	Eaux-vannes
Solid cap	Couronnement massif
Soldering iron	Fer à souder
Solution	Dissolution
Sort through (to)	Dépouiller
Sorting	Classement
Sounding	Sondage
South	Sud
Space	Espace
Space frame	Treillis tridimensionnel
Spacer	Cale à béton
Spacing	Écartement
Spacing	Espacement
Spacing (rivet)	Écartement des rivets
Span	Portée
Span	Travée
Span (end)	Travée de rive
Span (free)	Portée libre
Span (main)	Portée principale
Spandrel	Toiture-terrasse
Spandrel	Écoinçon
Spanner	Clé (outil)
Spanner (adjustable)	Clé à molette
Spanner (open)	Clé plate
Spanner (ring)	Clé à œil
Spanner (socket)	Clé à tube
Specification	Cahier des charges
Spectrographic	Spectrographique
Speed	Vitesse
Spike	Broche
Spike	Pointe longue (clou)

Spillway	Déversoir
Spinning	Centrifugation
Spiral	Clothoïde
Spirit level	Niveau à bulle
Splice	Enture
Splice	Épissure
Split	Fente
Spreader	Épandeuse
Spring	Ressort
Spring	Source (eau)
Springing	Arc-boutant
Springing	Naissance (d'un arc)
Sprinkler	Arroseuse
Square	Carré
Square	Équerre
Square root	Racine carrée
Stability	Stabilité
Staff	Mire
Stage	Phase
Staggered	Quinconce (en)
Stair enclosure	Cage d'escalier
Staircase	Montée d'escalier
Staircase (dog leg)	Escalier en U à deux volées + palier
Staircase (spiral)	Escalier en colimaçon
Staircase slab bars	Barres d'armature dalle de volée
Stairwell	Jour d'escalier
Stanchion (frame)	Poteau métallique (de portique)
Standard	Normes
Stap	Équerre
Statically determinate	Isostatique
Statically indeterminate	Hyperstatique
Station (filling)	Station-service
Stay	Barre tendue
Stay	Buton – hauban
Steam curing	Étuvage
Steel	Acier
Steel (carbon)	Acier au carbone

Steel (cold worked)	Acier écroui
Steel (high carbon)	Acier à haute teneur en carbone
Steel (high strength)	Acier à haute résistance
Steel (killed)	Acier calmé
Steel (mild)	Acier doux
Steel (prestressed concrete)	Acier pour béton précontraint
Steel (rolled)	Acier laminé
Steel (section)	Profilé
Steel (stainless)	Acier inoxydable
Steel (sheet)	Feuillard
Steel (tempered)	Acier trempé
Steel (weldable)	Acier soudable
Steel grade	Nuance d'acier
Steel grit	Grenaille
Steelfixer	Ferrailleur
Steelfixer's nips	Pinces à ligatures
Step	Marche (escalier)
Steps	Escaliers
Stiffener	Raidisseur
Stiffener (horizontal)	Raidisseur horizontal
Stiffener (vertical)	Raidisseur vertical
Stiffness	Raideur
Stirrer	Agitateur
Stirrup	Cadre d'armature
Stirrup	Étrier (armature)
Stone	Pierre
Stone block	Moellon
Stone fill	Hérisson
Stone fill	Pierraille
Stonefall	Chute de pierre
Stoping	Abattage en gradins
Storage	Stockage
Storage yard	Parc
Store	Entrepôt
Storekeeper	Magasinier
Storey	Étage
Storey (basement)	Étage en sous-sol
Storm	Orage, tempête

Straight	Droit (adj.)
Straight	Droit (direction)
Strain	Déformation unitaire
Strain at failure	Déformation unitaire à la rupture
Strain control	Contrôle des déformations
Strain (shear)	Déformation au cisaillement
Strainer	Dégrilleur
Strand	Toron
Stratum	Couche
Stratum (poor bearing)	Terrain de mauvaise qualité
Stream	Courant
Street light	Réverbère – lampadaire
Strength	Résistance
Strength (buckling)	Résistance au flambement
Strength (shearing)	Résistance au cisaillement
Strength (tensile)	Résistance à la traction
Strengthen (to)	Renforcer
Stress	Contrainte
Stress (applied)	Contrainte appliquée
Stress (compressive)	Contrainte de compression
Stress (edge)	Contrainte au bord
Stress (residual)	Contrainte résiduelle
Stress (shear)	Contrainte de cisaillement
Stress (tensile)	Contrainte de traction
Stress (ultimate)	Contrainte limite
Stress (working)	Contrainte de service
Stress (yield)	Limite élastique
Stress at failure	Contrainte de rupture
Stress concentration	Concentration des contraintes
Stress dissipation	Dissipation des contraintes
Stress distribution	Répartition des contraintes
Stretcher	Tendeur
Strike (to shuttering)	Décintrer
String (vibrating)	Corde vibrante
String line	Cordeau
Stringer	Longeron
Stripping (top soil)	Décapage de terre végétale
Stroke	Course (d'un vérin)

Structural (steel)	Charpente métallique
Structural steelwork workshop	Atelier de construction métallique
Structure	Ouvrage
Structure	Structure
Structure (building)	Charpente du bâtiment
Strut	Barre comprimée, bielle de béton
Strut	Contrefiche
Strut	Jambe de force
Strut (adjustable metal)	Étrésillon à vérin
Strutting board	Lambourde
Strutting of columns	Accouplement de poteaux
Stud bolt	Tige filetée
Stud partition	Cloison en treillis
Studies (pré-investment)	Études de préinvestissements
Study	Bureau
Subcontractor	Sous-traitant
Subfloor	Sous-plancher
Subgrade	Fond de fouille
Subject	Sujet
Subsidence	Effondrement
Subsidiary	Filiale
Sub-sill	Lisse d'appui
Substructure	Couche de fondation
Substructure	Infrastructure
Suction	Aspiration
Sulphate	Sulfate
Sulphur	Soufre
Summary	Résumé
Sump pit	Fosse de relevage
Superstructure	Superstructure
Supplier	Fournisseur
Supply (water)	Adduction d'eau
Supply (water)	Alimentation en eau
Support	Appui
Support of ridge purlin	Appui de panne de faîte
Supporting calculations	Justification
Surface	Surface
Surface (subgrade)	Niveau de la fondation

Surface (top)	Arasé
Surfacing	Enduit de ragréage
Surfacing	Surfaçage
Surfacing (bituminous)	Revêtement bitumineux
Surfacing (non-skid)	Revêtement antidérapant
Surplus	Excédent
Survey (cadastral)	Levé cadastral
Survey (ground)	Relevé de terrain
Survey (land registry)	Levé cadastral
Survey (topographic)	Levé topogaphique
Surveyor	Géomètre
Surveyor (borough)	Inspecteur municipal de travaux
Surveyor (valuing)	Expert-métreur
Surveyor's level	Niveau (instrument)
Suspended	Suspendu
Swamp	Flarais
Swan-neck	Col-de-cygne
Sway	Déplacement transversal
Swift	Touret
Swelling	Gonflage
System	Système
System (moveable)	Système déplaçable
System (supporting)	Système porteur

Table (load)	Tableau des charges
Tachymeter	Tachymètre
Tack welding	Pointage (soudage)
Tackle	Palan
Tallow	Suif
Tamper	Pilon
Tangential	Tangentiel
Tank	Citerne
Tank	Cuve
Tank (final)	Bassin secondaire
Tape	Décamètre
Tar	Goudron
Tar felt	Feutre goudronné
Tarpaulin	Bâche
Tear	Arrachement (défaut de fil)
Tee (reducing)	Té de réduction
Temperature	Température
Tempering	Revenu
Template	Gabarit
Tender	Offre
Tender	Soumission
Tender (negociated)	Adjudication libre
Tender documents	Dossier d'appel d'offre
Tendon	Câble

Tenon	Tenon
Tensiometer	Tensiomètre
Tension	Tension
Tensionning	Mis en tension
Terrace	Perron
Terrace	Terre-plein
Test	Essai
Test (bond)	Essai d'adhérence
Test (buckling)	Essai de flambement
Test (cold)	Essai au froid
Test (fatigue)	Essai de fatigue
Test (impact)	Essai au choc
Test (in situ)	Essai en place
Test (load)	Essai de chargement
Test (moisture-density)	Essai de compactage
Test (penetration)	Essai de pénétration
Test (Proctor compaction)	Essai de compactage Proctor
Test (routine)	Essai courant
Test (shear)	Essai de cisaillement
Test (tightness)	Essai d'étanchéité
Test (to)	Faire un essai
Test (triaxial compression)	Essai de compression triaxial
Test (ultrasonic)	Essai aux ultrasons
Theodolite	Théodolyte
Theoretical	Théorique
Thermal insulation	Calorifugeage
Thickness	Épaisseur
Thickness (average)	Épaisseur moyenne
Thread	Filet
Thread (left hand)	Filet à gauche
Thread (right hand)	Filet à droite
Threading	Filetage
Throat	Gorge
Throating	Gouttière
Throating	Feuillure
Tidal bassin	Darse
Tide (high)	Marée haute
Tide (low)	Marée basse
Tie	Bride

Tie	Ligature
Tie (formwork)	Tirant de coffrage
Tie beam	Bride de liaison
Tie rod	Tirant
Tie stiffener	Chaînage
Tightness (air)	Étanchéité à l'air
Tightness (water)	Étanchéité à l'eau
Tightning	Serrage
Tile (interlocking)	Tuile à emboîtement
Tile paving	Carrelage
Tileworker	Carreleur
Timber	Bois de construction
Timber (sheet steel lined)	Bois tôlé
Timekeeper	Pointeur
Tin	Étain
Tip	Embout
Toilets	Toilettes
Tolerance	Tolérance
Tolerance margin	Marge de tolérance
Ton (metric)	Tonne
Tongs	Tenailles
Tongue and groove	Tenon et mortaise
Tongue and grouved	Bouveté
Tool box	Boîte à outils
Tools	Outillage
Torrent	Torrent
Torsion	Torsion
Total cash turnover	Chiffre d'affaires
Tough	Dur
Toughness	Dureté
Tower (cooling)	Tour réfrigérante
Tower (high tension)	Pylône ligne haute tension
Tower (water)	Château d'eau
Towpath	Chemin de halage
Track (running)	Piste (route)
Traction	Traction
Traffic line	Voie de circulation
Trailer	Trinqueballe
Transformer station	Poste de transformation

Transom	Traverse
Tread	Contremarche
Tread	Marche
Tread	Giron (de marche)
Treatment	Purification
Treatment (heat)	Traitement thermique
Trench	Tranchée
Trench (open)	Tranchée ouverte
Trench (to)	Creuser une tranchée
Trestle	Estacade
Trestle	Palée
Triangular load distribution	Répartition triangulaire de charge
Triaxial	Triaxial
Trim	Couvre-joint
Trimmer	Chevêtre
Tripod	Trépied
Trolley	Chariot
Trowel	Truelle
Trowel (finishing)	Taloche
Truck	Camion
Truckmixer	Camion malaxeur
Truss	Ferme (treillis)
Truss	Treillis
Truss member	Barre de treillis
Truss partition	Cloison en treillis
Tube (test)	Éprouvette
Tufa (rock)	Tuf (roche)
Tunnel	Galerie d'accès
Tunnel (diversion)	Galerie de dérivation
Tunnel (inlet)	Galerie d'amenée
Tunnel (outlet)	Galerie de fuite
Tunnel (reduced height)	Minisouterrain
Tunnel (scour)	Galerie de chasse
Turbine	Turbine
Turnbuckle	Tendeur
Twisting	Torsadage
Typical	Typique

Ultimate	Ultime
Ultimate limitstate (U.L.S.)	État limite ultime (E.L.U.)
Unconfined compression strength	Résistance à la compression
Underground	Souterrain
Underground railway	Métropolitain
Underpass	Passage inférieur
Underpin (to)	Reprendre en sous-œuvre
Underpinning	Reprise en sous-œuvre
Unevenness	Inégalité
Uniform	Uniforme
Uniformly-distributed	Uniformément réparti
Unit (cladding)	Élément de façade
Unit (crosswall)	Élément mural transversal
Unit weight	Poids spécifique
Unscourable	Inaffouillable
Unscrew (to)	Dévisser
Up to date	Mise à jour
Upheaval (land)	Soulèvement de sol
Uplift	Sous pression
Upper	Supérieur
Upright	Montant
Upstream	Amont
Use	Utilisation

Vacuum	Vide
Valley	Noue (toit)
Value	Valeur
Value (peak)	Valeur maximum
Valve (emergency water)	Vanne de secours
Variation	Écart
Varnish	Vernis
Vault	Voûte
Vein	Filon
Vent	Évent
Vent	Trou d'aération
Ventilation (longitudinal)	Ventilation longitudinale
Ventilation (transverse)	Ventilation transversale
Ventilation duct	Conduit d'aération
Verge	Accotement
Verge	Saillie de rive
Vernier calipers	Pied à coulisse
Vessel (containment)	Enceinte de réacteur
Viaduct	Viaduc
Vibration	Vibration
Vibration (internal)	Pervibration
Vice	Étau
View	Vue de dessus
View (exploded)	Vue éclatée

View (front)	Vue de face
View (sectional)	Vue en coupe
View (side)	Vue latérale
Visible	Apparent

Wadi	Oued
Wages	Gages (salaire)
Wall	Mur
Wall	Paroi
Wall (butressed)	Mur à contreforts
Wall (cavity)	Mur à double paroi
Wall (city)	Muraille
Wall (curtain)	Mur-rideau
Wall (diaphragm)	Paroi moulée
Wall (dry)	Mur de pierres sèches
Wall (end)	Voile d'arrêt
Wall (fence)	Mur de clôture
Wall (fire)	Mur coupe-feu
Wall (gable)	Mur pignon
Wall (hollow)	Mur à double paroi
Wall (load bearing)	Mur porteur
Wall (main)	Mur principal
Wall (partition)	Cloison
Wall (party)	Mur mitoyen
Wall (protective)	Mur de protection
Wall (retaining)	Mur de soutènement
Wall (rising)	Mur en élévation
Wall (sheet pile)	Paroi de palplanches
Wall (side)	Mur en retour

Wall (sleeper)	Muret
Wall (spandrel)	Tympan
Wall (spine)	Refend (mur)
Wall (stub)	Muret
Wall (suspended)	Mur suspendu
Wall (toe)	Mur de pied de talus
Wall (town)	Muraille
Wall (wing)	Mur en aile
Wall plate	Sablière (mur)
Wall unit	Panneau mural
Warehouse	Entrepôt
Washer	Rondelle
Washer (spring)	Rondelle grover
Washing out of the foundation	Affouillement des fondations
Watchman	Gardien
Water	Eau
Water (cooling)	Eau de refroidissement
Water (drinking)	Eau potable
Water (ground)	Eau souterraine
Water (ground)	Eau phréatique
Water (heavy)	Eau lourde
Water (high)	Hautes eaux
Water (hot)	Eau chaude
Water (running)	Eau courante
Water (stagnant)	Eau stagnante
Water (surface)	Eaux de ruissellement
Water (tap)	Eau de ville
Water (wash)	Eau de lavage
Water (waste)	Eaux usées
Water content	Teneur en eau
Water proofing agent	Imperméabilisant
Water repellent	Hydrofuge
Water scheme	Projet hydraulique
Water softener	Adoucisseur d'eau
Water table	Nappe aquifère
Water table (ground)	Nappe phréatique
Water table (perched)	Nappe d'eau suspendue
Water table level (ground)	Niveau de la nappe phréatique

Water treatment works	Usine de traitement des eaux
Water-closet (W.C.)	Toilettes
Watering	Arrosage
Watering can	Arrosoir
Waterlogged	Imbibé d'eau
Waterstop	Waterstop
Watertight	Imperméable
Wave	Vague (mer)
Web	Âme (d'un profilé)
Web (solid)	Âme pleine
Web plate	Âme d'une poutre composée
Wedge	Clavette
Wedge (anchor)	Clavette d'ancrage
Wedge (timber)	Coin en bois
Wedging	Calage
Weep hole	Barbacane
Weight	Poids
Weight (net)	Poids net
Weld	Cordon de soudure
Weld	Soudure
Weld (seal)	Soudure d'étanchéité
Welded plate girder (W.P.G.)	Profilé reconstitué soudé (P.R.S.)
Welded wire fabric	Treillis soudé
Welding	Soudage
Welding (arc)	Soudage à l'arc
Welding (butt)	Soudage bout à bout
Welding (electric)	Soudage électrique
Welding (fillet)	Soudage d'angle
Welding (hand)	Soudage manuel
Welding (intermittent)	Soudage discontinu
Welding (oxy-acetylene)	Soudage autogène
Welding (spot)	Soudage par points
Welding mask	Masque de soudeur
Welding rod	Baguette à souder
Welding set	Poste de soudage
Welding torch	Chalumeau soudeur
Well	Puits
Well (lift)	Cage d'ascenseur

Wellpoint	Aiguille de rabattement de nappe
West	Ouest
Wharf	Appontement
Wheelbarrow	Brouette
White lead	Céruse (carbone basique de plomb)
White wash	Badigeon
Wide	Large
Widened	Élargi
Widening	Élargissement
Width	Largeur
Width (overall)	Largeur hors tout
Winch	Treuil
Wind pressure	Poussée du vent
Window	Fenêtre
Wing of wall	Aile du mur
Winter	Hiver
Wire	Brin (toron)
Wire	Fil
Wire (annealed)	Fil recuit
Wire (drawn)	Fil tréfilé
Wire (steel)	Fil de fer
Wire brush	Brosse métallique
Wire drawer	Tréfileur
Wires (bonded)	Fils adhérents
Wood	Bois (matière)
Wood (hard)	Bois dur
Wood (laminated)	Lamellé-collé
Wood (soft)	Bois tendre
Work	Travail
Work hardening	Écrouissage
Work hardening (by cold working)	Durcissement par écrouissage
Workman	Ouvrier
Works (auxiliary)	Ouvrages annexes
Works (cement)	Cimenterie
Workshop	Atelier
Worn	Usé
Wrench (mole)	Pince-étau
Wrench (torque)	Clé à choc

X ray investigation   Analyse aux rayons x

Yard (precasting)	Aire de préfabrication
Yield	Rendement
Yield (to)	Céder
Yield (to)	Déformer de manière plastique
Young's modulus	Module de Young

Zinc   Zinc

Lexique
français-anglais

Abaissement	Drawdown
Abaissement de la nappe	Lowering of the water table
Abaque	Design chart
Abattage à l'explosif	Mining by blasting
Abattage de la roche	Breaking (rock)
Abattage en gradins	Stoping
About de poutre	Beam (end stopping)
Abrasif	Abrasive
Abrasion marine	Abrasion (marine)
Abri	Shelter
Abri souterrain	Shelter (underground)
Abrupt	Abrupt
Abscisse	Abscissa
Accélérateur de prise	Accelerator
Accélérogramme	Accelerogram
Accessoire de canalisation	Pipe fitting
Accessoires	Fittings
Accord	Agreement
Accotement	Verge
Accotement non stabilisé	Shoulder (soft)
Accouplement	Coupling
Accouplement de poteaux	Strutting of columns
Accroissement	Increment
Accumulation de boues	Accumulation of mud

Acheminement	Routing, progress
Achèvement	Completion
Achèvement des travaux	Completion of the works
Acide	Acid
Acier	Steel
Acier à béton	Reinforcement
Acier à haute résistance	Steel (high strength)
Acier à haute teneur en carbone	Steel (high carbon)
Acier au carbone	Steel (carbon)
Acier doux	Steel (mild)
Acier écroui	Steel (cold worked)
Acier inoxydable	Steel (stainless)
Acier laminé	Steel (rolled)
Acier pour béton précontraint	Steel (prestressed concrete)
Acier soudable	Steel (weldable)
Acier calmé	Steel (killed)
Acier trempé	Steel (tempered)
Acrotère	Cornice
Action	Action
Addition de colorant au ciment	Colouring additive forcement
Adduction d'eau	Supply (water)
Adent	Key (wall)
Adhérence	Adhesion
Adhérence	Bond
Adhésif	Adhesive
Adjacent	Adjacent
Adjudication	Invitation to tender
Adjudication libre	Tender (negociated)
Adjuvant du béton	Admixture (concrete)
Administration publique locale	Local authority
Admissible	Allowable
Adoucisseur d'eau	Water softener
Aération	Aeration
Aérien	Overground, over head
Aéroport	Airport
Affaissement	Slump
Affaissement au cône	Slump test (Abrams)
Affouillement	Scour

Affouillement des fondations	Washing out of the foundation
Agent de dispersion	Deflocculating agent
Agent de fixation	Fixing agent
Agrafes (palplanches)	Interlocking (sheet piles)
Agitateur	Stirrer
Agrégats	Aggregates
Agrégats concassés	Aggregates (crushed)
Agrégats enrobés	Aggregates (pre-mixed)
Agrégats naturels	Aggregates (natural)
Agrégats roulés	Aggregates (rolled)
Agrément	Approval
Aiguille de rabattement de nappe	Wellpoint
Aiguille vibrante	Poker vibrator
Aile (de cornière)	Leg
Aile (de poutrelle)	Flange
Aile du mur	Wing of wall
Aile inférieure	Lower flange
Aile saillante	Projecting flange
Aile supérieure	Flange (top)
Aimant	Magnet
Air	Air
Aire	Area
Aire de glissement	Slide area
Aire de la section	Area (cross-sectional)
Aire de préfabrication	Yard (precasting)
Aisselier	Brace
Ajuster	Adapt (to)
Alcôve	Recess
Alésage (opération)	Reaming
Aléser	Ream (to)
Alignement d'un mur	Line (wall)
Alignement droit	Alignment (straight)
Alimentation en eau	Supply (water)
Alimenté par pompe	Pump fed
Allège (fenêtre)	Apron, breast wall
Alliage	Alloy
Alliage léger	Alloy (light metal)
Allongement	Elongation

Alluvionnement	Silting up
Alluvions	Fluvial outwash
Altérabilité	Alterability
Altération	Alteration
Altéré	Altered
Aluminate	Aluminate
Alumine	Alumina
Âme (d'un profilé)	Web
Âme d'une poutre composée	Web plate
Âme pleine	Web (solid)
Aménagement d'un espace vert	Landscaping
Aménagement du terrain	Development (site)
Amiante ciment	Asbestos cement
Amont	Upstream
Amorce d'entretoise	Diaphragm stub
Amorce de fissure	Crack (incipient)
Amortissement	Damping
Amovible	Removable
Amphotère	Amphoteric
Analogie	Analogy
Analyse	Analysis
Analyse hydrométrique	Analysis (hydrometer)
Analyse aux rayons x	X-ray investigation
Analyse dimensionnelle	Analysis (dimensional)
Analyse granulométrique	Analysis (sieve)
Analyse par la méthode de frottement	Analysis (friction circle)
Analyse par sédimentation	Analysis (sedimentation)
Analyse thermique	Analysis (thermal)
Analyseur infrarouge	Infrared analyser
Ancrage	Anchorage
Ancrage	Anchoring
Ancrage d'extrémité	Anchorage (end)
Ancrage de pannes	Anchorage (purlin)
Ancrage de pieu	Anchorage (pie)
Ancrage mobile d'appui	Anchorage (moveable bearing)
Ancrage mort	Anchorage (dead)
Ancrage perdu	Anchorage (lost)

APPUI

Angle	Angle
Angle d'incidence	Angle of incidence
Angle de cisaillement	Angle of shear
Angle de friction sur paroi	Angle of wall friction
Angle de frottement	Angle of friction
Angle de frottement interne	Angle of internal friction
Angle de répartition des charges	Angle of load distribution
Angle de talus	Angle of slope
Angle de talus naturel	Angle of natural slope
Anhydre	Anhydrous
Anion	Anion
Anneau dynamométrique	Proving ring
Annulé (plan)	Cancelled
Antidérapant	Skib proof
Antidérapant	Non-skid
Antigel	Frost proofing
Aplanissement	Levelling
Appareil	Device – apparatus
Appareil d'analyse	Analyser
Appareil d'appui néoprène fretté	Bearing (laminated elastomeric)
Appareil d'appui	Bearing
Appareil de cisaillement circulaire	Apparatus (ring shear)
Appareil de cisaillement direct	Apparatus (direct shear)
Appareil de limite de liquidité	Apparatus (liquid limit)
Appareil de prise d'échantillon	Sampler
Appareil sanitaire	Sanitary fitting
Apparent	Visible
Appartement	Flat
Appel d'offre	Invitation to tender
Appel d'offre public	Call for tenders (open)
Appel d'offre restreint	Call for tenders (restricted)
Appliqué	Applied
Appliquer	Apply (to)
Aplomb	Vertical
Appontement	Wharf
Approbation des plans	Approval of drawings
Appui	Support

Appui	Bearing
Appui à glissement	Bearing (sliding)
Appui à rotule	Bearing (rocker)
Appui à rouleaux	Bearing (roller)
Appui cylindrique	Bearing (roller)
Appui de fenêtre	Sill (window)
Appui de panne de faîte	Support of ridge purlin
Appui élastique	Bearing (elastic)
Appui encastré	Bearing (fixed), (built-in)
Appui fixe	Bearing (fixed)
Appui flottant	Bearing (floating)
Appui intermédiaire	Bearing (intermediate)
Appui médian	Bearing (middle)
Appui mobile	Bearing (expansion)
Appui simple	Bearing (simple)
Appuis glissants	Bearings (sliding)
Aptitude à la déformation	Deformability
Aqueduc	Aqueduct
Aqueux	Aqueous
Arasé	Course (level)
Arase	Surface (top)
Arbalétrier	Ridgebeam
Arbalétrier	Rafter (principal)
Arbre	Shaff
Arc	Arch
Arc à deux articulations	Arch (two-hinged)
Arc à tirant	Arch (tied)
Arc articulé	Arch (hinged)
Arc en anse de panier	Arch (three pinned)
Arc encastré	Arch with fixed ends (built-in)
Arc équilibré	Arch (balanced)
Arc-boutant (naissance)	Springing
Architecte	Architect
Ardoise	Slate
Arête chanfreinée	Angle (chamfered or bevelled)
Arêtier (toit)	Hip (roof)
Argile	Clay
Argile sableuse	Clay (sandy)

Armature de compression	Reinforcement (compressive)
Armature de console	Reinforcement (cantilever)
Armature de pieu	Reinforcement (pile)
Armature de précontrainte	Reinforcement (prestressing)
Armature de répartition	Bar (distribution)
Armature de répartition	Bars (distribution reinforcement)
Armature de traction	Reinforcement (tensile)
Armature en treillis soudé	Reinforcement (welded mesh)
Armature longitudinale	Reinforcement (longitudinal)
Armature principale	Reinforcement (main)
Armature transversale	Reinforcement (transverse)
Armature verticale	Reinforcement (vertical)
Arrache-clou	Nail bar, nail drawer
Arrachement (défaut de fil)	Tear
Arrosage	Curing
Arroseuse	Sprinkler
Arrosoir	Watering can
Article	Item
Articulation	Hinge
Articulation	Link
Articulation à la clé	Hinge (crown)
Articulation à rotule	Ball and socket joint
Articulation de culée	Hinge (abutment)
Ascenseur	Lift
Aspiration	Suction
Asphalte	Asphalt
Assainissement	Drainage
Assemblage	Joint
Assemblage (liaison)	Connection
Assemblage (opération)	Assembling
Assemblage à l'atelier	Assembling (workshop)
Assemblage par boutons	Connection (bolted)
Assemblage rivé	Connection (rivet)
Assemblage soudé	Connection (welded)
Assembler	Join (to)
Assise de briques	Course (brick)
Assise rocheuse	Bed-rock
Asymétrique	Assymetrical

Atelier	Workshop
Atelier de construction métal-lique	Structural steelwork workshop
Atelier de montage	Assembling shop
Attache	Lug, fastener
Attacher	Bind (to), fasten (to)
Attique	Penthouse
Attribuer	Allocate (to)
Auget (scellement)	Pocket
Augmentation constante de la charge	Constant rate of loading
Augmentation	Increment : raising
Augmenter	Increase (to)
Autoblocage	Self locking
Autoportant	Self supporting
Autoroute	Motorway
Autoroute à péage	Motorway (toll)
Auvent	Canopy
Auvent	Porch
Aval	Downstream
Avaloir	Gully (road)
Avant-métré	Preliminary estimation of quantities
Avant-bec	Nosing
Avant-projet	Preliminary design
Avant-puits	Preboring
Axe	Axis
Axe de chaussée	Line (set out)
Axe de référence	Axis of reference
Axe du pont	Line (bridge center)
Axe neutre	Axis (neutral)
Axe vertical	Axis (vertical)
Azote	Nitrogen

Bac	Ferry
Bâche	Tarpaulin
Badigeon	White wash
Bague	Ring
Baguette d'angle	Fillet
Baguette à souder	Welding rod
Baisse de pression	Pressure drop
Bajoyer	Side wall
Bajoyer	Dockwall
Balai	Broom
Balcon	Balcony
Balèvre	Lip
Balladeuse	Lamp (inspection)
Ballast	Ballast
Ballastière	Gravel-pit
Ballustrade	Balustrade
Banc de fabrication	Production line
Bande	Row
Bande de polystyrène	Polystyrene strip
Bande latérale	Guiding edge strip
Baraque de chantier	Hut
Barbacane	Weep hole
Bardage	Cladding
Bardage en planches	Cladding (sheet pile)

Bardeau d'asphalte	Shingle (asphalt)
Bardeau de bois	Shavinings (wood)
Barrage	Dam
Barrage (déversoir)	Dam (overflow)
Barrage à contreforts	Dam (buttress)
Barrage de retenue	Dam (retention)
Barrage en argile	Dam (clay)
Barrage en enrochements	Dam (rockfill)
Barrage en maçonnerie	Dam (masonry)
Barrage en terre	Dam (earthfill)
Barrage-poids	Dam (gravity)
Barrage-voûte	Dam (arch)
Barre	Bar
Barre à mine	Crow bar
Barre à mine	Jumping drill
Barre comprimée	Strut
Barre d'armature en acier	Bar (steel reinforcement)
Barre de treillis	Truss member
Barre en attente	Bar (starter)
Barre relevée	Bar (bent up)
Barre ronde	Bar (round)
Barre tendue	Stay
Barres crénelées	Bars (indented)
Barres d'armature dalle de volée	Bars to flight slab
Barres d'armature dalle de volée	Staircase slab bars
Barres inférieures de sous-poutre	Lower bars of the beam
Barrière d'étanchéité	Damp proof course
Basalte	Basalt
Base	Base
Basses eaux	Low tide
Bassin de rétention	Reservoir
Bassin de décantation	Sedimentation tank
Bassin secondaire	Tank (secondary)
Bastaing	Timber
Bastaing	Batten
Batardeau	Sheet pile (caisson)
Batardeau	Coffer dam
Batardeau à cellule	Sheet pile bulkhead

Bâti	Frame
Bâtiment	Building
Bâtiment industriel	Building (industrial)
Battage de pieux	Pile driving
Battre (pieux)	Drive (to)
Bavette	Sheet metal flashing
Bavure	Burr
Bêche de mur de soutènement	Heel (footing)
Bedrock	Bedrock
Benne à fond ouvrant	Bucket (bottom dump)
Benne de bétonnage	Skip (concreting)
Benne preneuse	Bucket (grab)
Bentonite	Bentonite
Bentonitique	Bentonitic
Béquille	Leg (inclined)
Béquille (de portique)	Stanchion (frame)
Berge	Bank
Béton	Concrete
Béton armé	Concrete (reinforced)
Béton armé coulé en place	Concrete (cast in situ reinforced)
Béton asphaltique bitumineux	Concrete (bituminous)
Béton avec entraîneur d'air	Concrete (foamed)
Béton brut de décoffrage	Concrete (stripped surface of)
Béton brut de décoffrage	Concrete without surface treatment
Béton caverneux	Concrete (no fines)
Béton centrifuge	Concrete (spun)
Béton cyclopéen	Concrete (cyclopean)
Béton de blocage	Concrete (fill)
Béton de mâchefer	Concrete (cinder)
Béton de masse	Concrete (mass)
Béton de parement	Concrete (facing)
Béton de pouzzolane	Concrete (pozzolanic)
Béton de première phase	Concrete (first stage)
Béton de propreté	Concrete (blinding)
Béton de propreté	Bedding
Béton de vermiculite	Concrete (vermiculite)
Béton durci	Concrete (hardened)
Béton frais	Concrete (fresh)

Béton gras	Concrete (rich)
Béton léger	Concrete (lightweight)
Béton lisse de parement	Concrete (fair-faced)
Béton maigre	Concrete (lean)
Béton malaxé à sec	Concrete (dry-mixed)
Béton ornemental	Concrete (ornamental)
Béton plastique	Concrete (plastic)
Béton pour ouvrage d'art	Concrete (structural)
Béton précontraint	Concrete (prestressed)
Béton préfabriqué	Concrete (precast)
Béton prêt à l'emploi	Concrete (ready-mix)
Béton projeté	Gunite
Béton réfractaire	Concrete (refractory)
Béton sous vide	Concrete (vaccum)
Bétonnière	Concrete mixer
Bétonnage	Concreting
Bétonnage par temps froid	Concreting (cold weather)
Bielle	Bracket
Bielle de béton	Strut
Biseauter	Bevel (to)
Bitume	Asphalt
Blindage	Sheeting
Blindage de puits	Casing (well)
Bloc creux	Hollow pot
Blocage	Rubble
Blocage du cône mâle	Blocking of the male cone
Blondin	Elevated cableway crane
Bobine (de fils)	Coil
Bois (matière)	Wood
Bois (scié à la dimension)	Joinery
Bois de construction	Timber
Bois dur	Wood (hard)
Bois tendre	Wood (soft)
Bois tôlé	Timber (sheet steel lined)
Boîte à onglets	Mitre box
Boîte à outils	Tool box
Boîte de cisaillement	Shear box
Bollard	Bollard

Bombement	Camber
Bordereau des travaux	Schedule of works
Bordure de trottoir	Kerbstone
Bordure de trottoir	Road kerb
Borne	Boundary marker
Bossage	Prestressing anchorage block
Bossage	Rib
Botte (de fils)	Coil
Bouchardage	Bush hammering of masonry
Boucharde	Bush-hammer
Bouche d'incendie	Fire hydrant
Bouchon	Plug, bung
Boucle	Loop
Bouclier	Shield
Boue	Mud
Boue	Sludge
Boue de forage	Drilling fluid
Boue de forage	Drilling mud
Boulon	Bolt
Boulon à haute résistance	Bolt (high strength)
Boulon à tête hexagonale	Bolt (hexagon head)
Boulon d'ancrage	Anchor bolt
Boulon fileté	Bolt (screw)
Bourrage	Ramming
Boussole	Compass
Bouteille d'hydrogène	Cylinder (hydrogen)
Bouteille d'oxygène	Cylinder (oxygen)
Bouteur	Bulldozer
Bouteur biais	Angledozer
Bouton (câble)	Button head
Bouveté	Tongued and grooved
Bracon	Raker
Brai	Pitch
Bras de levier	Lever arm
Braser	Braze (to)
Brelage provisoire	Assembly (temporary)
Bretelle (viaduc)	Road (access)
Breve	Patent

Bride	Tie
Bride de liaison	Tiebeam
Brin (toron)	Ply
Brin (toron)	Wire
Brique	Brick
Brique armée	Brick (reinforced)
Brique creuse	Brick (cavity/hollow)
Brique de parement	Brick (facing)
Brique pleine	Brick (solid)
Brique réfractaire	Brick (fire-clay)
Brise-béton	Hammer (pneumatic)
Brise-lames	Break water
Broche	Drift
Broche	Spike
Brocher	Drift (to)
Brosse métallique	Wire brush
Brosser	Scrub (to)
Brouette	Wheelbarrow
Broyage	Crushing
Brut	Rough
Bulbe	Bulb
Bulbe de pression	Bulb of pressure
Bureau (travail)	Office
Bureau (pièce)	Study
Bureau d'études	Design office
Bureau d'études	Consulting engineer
Burette à huile	Oil can
Burin	Chisel
Burin à froid	Chisel (cold)
Buse	Sleeving
But	Purpose
Butée des terres	Pressure (passive earth)
Buton	Stay

C

Cabestan	Winch
Cabine d'ascenseur	Liftcar
Câble	Tendon
Câble bouclé	Cable (looped)
Câble chapeau	Cable (cap)
Cachetage	Encasement
Cadastre	Land register
Cadenas	Padlock
Cadence	Rate
Cadran	Dial
Cadre	Frame
Cadre d'armature	Hoop (rectangular)
Cadre d'armature	Stirrup
Cage d'armature	Cage (reinforcing)
Cage d'ascenseur	Well (lift)
Cage d'escalier	Stair enclosure
Cahier des charges	Specification
Caillebotis	Grating
Caillou	Pebble
Caisson	Caisson
Caisson à air comprimé	Caisson (compressed air)
Caisson cellulaire	Caisson – box (cell)
Caisson ouvert	Caisson – box (open)
Caisson (réacteur)	Pressure vessel

Calage	Wedging
Calamine	Mill scale
Calcaire	Limestone
Calcite	Calcite
Calcium	Calcium
Calcul	Calculation
Calcul de structure	Analysis of structure
Calcul de terrassement	Analysis (settlement)
Calcul stabilité par méthode glissement	Analysis (shear circle)
Cale	Prop
Cale (travaux maritimes)	Dock
Cale à béton	Spacer
Caler	Chock up (to)
Calorifugeage	Insulation
Calorifugeage	Thermal insulation
Cambrure	Camber
Camion	Truck
Camion (utilitaire)	Lorry
Camion malaxeur	Truckmixer
Canal	Channel
Canal d'adduction	Aqueduct
Canal d'amenée	Canal (headrace)
Canal de chasse	Canal (flushing)
Canal de fuite	Canal (tailrace)
Canal navigable	Channel (navigable)
Canalisation	Piping
Canalisation sous pression	Pipe line (pressure)
Caniveau	Gutter
Canon à ciment	Gun (cement)
Caoutchouc	Rubber
Caoutchouc fretté	Rubber (reinforced, bounded)
Capacité	Capacity
Capacité portante	Load carrying capacity
Capillarité	Capillarity
Capteur	Gauge
Caractéristique	Characteristic
Caractéristique	Feature

Carbone	Carbon
Carburant	Fuel
Carnet de battage	Record (driving)
Carotte	Sample (borehole)
Carré	Square
Carreau	Pane
Carreau de plâtre	Plasterboard
Carreleur	Tileworker
Carrelage	Tile paving
Carrière	Quarry
Cas de charge	Loading case
Casque	Helmet (safety)
Casque de pieu	Cap (pile)
Caténaire	Catenary
Cave	Cellar
C.B.R. : indice portant californien	California bearing ratio
Céder (casser)	Yield (to)
Ceinture	Belt
Cellule	Cell
Cellule de fluage	Cell (creep)
Cendre volante	Ash (fly)
Central	Central
Centrale à béton	Batching plant
Centrale d'enrobage	Batching plant (asphaltic concrete)
Centrale hydraulique	Power station (hydraulic)
Centrale nucléaire	Power station (nuclear)
Centrale thermique	Power station (thermal)
Centre	Centre
Centre de gravité	Centroid
Centrifugation	Spinning
Cerces	Hoops
Cercle	Circle
Cercle de frottement	Circle (friction)
Cercle de Mohr	Mohr's circle
Certificat d'usine	Certificate (work shop)
Céruse	White lead
Chaînage	Tie stiffener, tie beam

Chaise	Profile
Chaise (ferraillage)	Bar (support)
Chaleur	Heat
Chalumeau oxycoupeur	Cutting torch
Chalumeau soudeur	Welding torch
Chambre	Bedroom
Chanfrein	Bevel
Chantier	Site
Chanvre	Hemp
Chape	Covering
Chape	Screed
Chape d'étanchéité	Damp proof membrane
Chape de compression	Screed (concrete compression)
Chape de compression	Covering (concrete compression)
Chapeau	Cap
Charge	Load
Charge admissible	Permissible load
Charge concentrée	Point load
Charge critique d'Euler	Load (Euler buckling)
Charge d'épreuve	Load (test)
Charge d'exploitation	Load (operating)
Charge d'un pieu	Load (pile bearing)
Charge de rupture	Load (failure)
Charge de service	Load (working), (service)
Charge de vent	Load (wind)
Charge mobile	Load (moving)
Charge permanente	Load (dead)
Charge répartie	Load (uniformly distributed)
Charge statique	Load (static)
Charge totale	Load (total)
Charge utile	Load (live)
Chargeuse	Loader
Chariot	Trolley
Chariot élévateur à fourche	Forklift truck
Charnière	Hinge
Charpente	Frame
Charpente de bâtiment	Structure (building)
Charpente métallique	Structural (steel)

Chassis	Casement
Château d'eau	Tower (water)
Chaudière	Boiler
Chauffage central	Heating (central)
Chauffage collectif	Heating (district)
Chauffage des rivets	Heating (rivet)
Chaussée	Carriageway
Chaussée	Pavement
Chaux	Lime
Chaux éteinte	Lime (slaked)
Chaux vive	Lime (quick)
Chef d'équipe	Ganger
Chef de chantier	Foreman
Chemin	Path
Chemin de fer	Railway
Chemin de halage	Towpath
Chemin de roulement	Crane way
Chemin de roulement	Roller-track
Chemin de roulement	Runway
Chemin rural	Lane (rural)
Cheminée	Chimney
Chemisage	Lining
Chemise	Sleeve
Chenal	Channel
Chéneau	Eaves gutter
Chevêtre	Trimmer
Chevêtre (pile)	Beam (transverse head)
Chevron	Rafter
Chiffre	Digit
Chiffre d'affaires	Total cash turnover
Chimique	Chemical
Choix du site	Site selection
Chute	Fall
Chute de pierre	Stonefall
Chute de tension	Loss (stress)
Ciment	Cement
Ciment à durcissement rapide	Cement (rapid hardening)

Ciment à faible chaleur d'hydratation	Cement (low heat)
Ciment à faible perte en eau	Cement (low water lost)
Ciment à haute résistance	Cement (high strength)
Ciment à prise lente	Cement (slow setting)
Ciment à prise rapide	Cement (quick setting)
Ciment alumineux	Cement (high alumina)
Ciment de haut-fourneau	Cement (blastfurnace)
Ciment de laitier	Cement (slag)
Ciment en vrac	Cement (bulk)
Ciment expansif	Cement (expansive)
Ciment hydrofuge	Cement (water repellent)
Ciment Portland	Cement (Portland)
Ciment résistant aux sulfates	Cement (sulphate resisting)
Cimenterie	Cement workplant
Cinématique	Kinematic
Cintrage	Curvature
Cintre	Centring
Cintre	Falsework
Circonférence	Perimeter
Circonférence	Circumference
Circulaire	Circular
Cisaillement	Shear
Ciseau à bois	Chisel (wood)
Citerne	Tank
Claie	Screen
Classement	Sorting
Classes d'ouvrages	Occupancy categories
Classification	Classification
Classification des bétons	Classification (concrete)
Classique	Conventional
Clavage des dalles	Keying (slab)
Clavage des joints	Grouting (joint)
Clavette	Wedge
Clavette d'ancrage	Wedge (anchor)
Clé (outil)	Spanner
Clé à choc	Wrench (torque)
Clé à griffe	Bar bender

Clé à molette	Spanner (adjustable)
Clé à œil	Spanner (ring)
Clé à tube	Spanner (socket)
Clé anglaise	Monkey wrench
Clé de cisaillement	Key (shear)
Clé plate	Spanner (open)
Climatisation	Air conditioning
Cloche d'effondrement	Pot hole
Cloison	Wall (partition)
Cloisons	Partitions
Cloison en treillis	Truss
Cloison en treillis	Stud partition
Cloison étanche	Bulkhead
Clothoïde	Spiral
Clôture	Fence
Clou	Nail
Clouage invisible	Nailing (secret)
Coaguler	Coagulate (to)
Coefficient	Factor
Coefficient d'usure	Index of abrasion
Coefficient de comportement	Behavior factor
Coefficient de dilatation	Coefficient of expansion
Coefficient de Poisson	Poisson's ratio
Coefficient de sécurité	Factor of safety
Coffrage	Formwork – shuttering
Coffrage	Shoring
Coffrage bois	Formwork (timber)
Coffrage de limon	Formwork (stringer)
Coffrage en contreplaqué	Formwork (plywood)
Coffrage glissant	Formwork (sliding)
Coffrage métallique	Formwork (steel)
Coffrage mobile	Formwork (travelling)
Coffrage perdu	Formwork (sacrificial)
Coffrage permanent	Formwork (permanent)
Coffrage provisoire	Formwork (temporary)
Coffrage roulant	Formwork (travelling)
Coffreur	Carpenter
Coiffe	Hood

Coin	Corner
Coin en bois	Wedge (timber)
Col-de-cygne	Swan-neck
Collé à la résine synthétique	Resin bonded
Collecteur	Sewer
Coller	Glue (to)
Collier de serrage	Ring (clamping)
Colline	Hill
Colmatage	Plugging
Colmatage	Aggradation
Colmater	Seal (to)
Coloré	Coloured
Comblement	Filling
Combles	Roof space, heapedup
Compactage	Compaction
Compactage de sol	Compaction (soil)
Compactage par arrosage	Compaction by watering
Compactage par cylindrage	Compaction by rolling
Compacté	Consolidated
Compacter	Compact (to)
Compacteur	Compactor
Compacteur vibrant	Compactor (vibrating)
Comparaison des variantes	Comparison of alternatives
Composant	Component
Composé	Compound
Composition du béton	Concrete mix
Compression	Compression
Compression simple	Unconfined compression
Comprimé	Compressed
Comprimer	Compress (to)
Compte rendu	Report
Concasseur	Crusher
Concentration	Concentration
Concentration des contraintes	Stress concentration
Concentré	Concentrated
Condition de sécurité	Safety requirement
Condition requise	Requirement
Conditionnement d'air	Air conditioning

Conditions du contrat	Conditions of contract
Conducteur d'engin	Plant driver
Conducteur de travaux	General foreman
Conductibilité	Conductivity
Conductibilité thermique	Conductivity (thermal)
Conduit	Conduit-duct
Conduit d'aération	Ventilation duct
Conduit de fumée	Flue
Conduite forcée	Penstock
Cône	Cone
Cône d'ancrage	Anchoring cone
Console	Bracket
Consolider	Consolidate (to)
Construction en fouille	Cut and cover technique
Contact	Contact
Contrainte	Stress
Contrainte appliquée	Stress (applied)
Contrainte au bord	Stress (edge)
Contrainte de cisaillement	Stress (shear)
Contrainte de compression	Stress (compressive)
Contrainte de rupture	Stress at failure
Contrainte de service	Stress (working)
Contrainte de traction	Stress (tensile)
Contrainte limite	Stress (ultimate)
Contrainte résiduelle	Stress (residual)
Contrat clef en main	Contract (turn key)
Contre-appui	Bearing (counter)
Contre-écrou	Lock-nut
Contrefiche	Strut
Contreflèche	Camber
Contrefort	Counterfort
Contre-joint	Backup
Contremarche	Riser, tread
Contre-pente	Reverse slope
Contreplaqué	Plywood
Contrepoids	Counterweight
Contreventement	Bracing (wind)
Contreventement couplé	Dual system

Contreventement en K	K bracing
Contreventement en V	V bracing
Contreventement par croix de Saint-André	X bracing
Contrôle de qualité	Control (quality)
Contrôle des déformations	Control (strain)
Contrôle des frais	Control (cost)
Contrôler	Control (to)
Convention de signe	Convention (sign)
Coque	Shell
Coquille	Shell
Corbeau	Corbel
Corde	Rope
Corde vibrante	String (vibrating)
Cordeau	String line
Cordon de soudure	Weld
Corniche	Cornice
Cornière	Angle
Cornière à ailes égales	Angle (equal-leg)
Cornière à ailes inégales	Angle (unequal-leg)
Cornière à ailes égales angles vifs	Angle (equal-leg sharp edged)
Cornière à ailes égales bouts arrondis	Angle (equal-leg round edged)
Cornière à ailes inégales bouts arrondis	Angle (unequal-leg round edged)
Cornière de membrure	Angle (flange)
Corps creux	Hollow concrete block
Cote (dessin)	Dimension
Côte (océan)	Shore
Couche	Stratum
Couche d'argile	Layer (clay)
Couche d'isolation thermique	Layer (heat-insulation)
Couche de base	Base
Couche de fondation	Substructure
Couche de gravillons	Layer of chippings
Couche de liaison	Course (binder)
Couche de protection	Coat (protection)
Couche de rouille	Layer (rust)
Couche de roulement	Course (bearing)

Couche protectrice en béton	Layer (protective concrete)
Couche superficielle	Layer (surface)
Couches de feutre	Felting
Couches de remblai	Layers of backfill
Coude	Elbow
Coulé en place	Cast in situ
Couler	Cast (to)
Coulis	Grout
Coulis	Slurry
Coulis d'injection	Grout (injection)
Coulis de bitume	Grout (bitume)
Coulis de ciment	Grout (cement)
Couloir	Corridor
Coupe	Section
Coupe longitudinale	Section (longitudinal)
Coupe transversale	Section (transversal)
Coupe-boulon	Cropper (bolt)
Coupe-circuit	Breaker (circuit)
Coupe-feu	Firestop
Couper	Cut (to)
Couple	Couple
Coupleur	Coupler
Coupole	Dome
Coupure	Cut
Courant (eau)	Stream (draught)
Courbe	Diagram, graph
Courbe contrainte-déformation	Diagram (stress-strain)
Courbe d'hystérésis	Curve (hysteresis)
Courbe de charges	Diagram (load settlement)
Courbe de compression	Diagram (compression)
Courbe de liquidité (Atterberg)	Flow curve (atterberg)
Courbe de niveau	Line (contour)
Courbe de résistance à la péné- tration	Curve (penetration-resistance)
Courbe de teneur en eau-densité	Curve (moisture-density)
Courbe granulométrique	Curve (grading)
Courbe pression-indice des vides	Curve (pressure-void ratio)
Courbe proctor	Curve (proctor)

Couronne à diamants	Bit (diamond)
Couronne au métal dur	Bit (hard metal)
Couronne de forage	Bit (boring)
Couronnement massif	Solid cap
Couronnement (mur)	Coping
Course (d'un vérin)	Stroke
Coursive extérieure	Access balcony
Coussinet	Bearing bush
Coût	Cost
Coût d'achat	Cost (initial buying)
Coût final	Cost (final)
Couverture	Sheath
Couverture	Roofing
Couverture industrielle	Space frame
Couvre-joint	Cover strip
Couvre-joint	Trim
Couvreur	Roofer
Craie	Chalk
Crépi	Parge-coat (chimney)
Crépi	Rendering (wall)
Creuser une tranchée	Trench (to)
Crible	Sieve
Cric	Jack
Critique	Critical
Crochet	Hook
Crochet de levage	Hook (lifting)
Croisillons	Herring bone shutting
Croquis	Sketch
Crue	Flood
Cuisine	Kitchen
Cuivre	Copper
Culée	Abutment
Cuve	Tank
Cuvette	Bowl
Cylindre	Cylinder

Dallage	Pavement, slab on grade
Dallage	Flag stones
Dalle	Slab
Dalle caissonnée	Slab (waffle)
Dalle de fondation	Slab (foundation)
Dalle de plancher en béton armé	Slab (reinforced concrete floor)
Dalle de roulement	Pavement
Dalle de transition	Slab (transition)
Dalle encastrée aux extrémités	Slab (fixed-edge)
Dalle en corps creux	Slab (hollow pot floor)
Dalle fléchie	Slab (hollow)
Dalle nervurée	Slab (ribbed)
Dalle pleine	Floor (solid)
Dalle pour plancher en béton armé	Slab (reinforced concrete floor)
Dalle travaillant dans un sens	Slab (one-way)
Dalot	Box
Darse	Tidal basin
Darse	Basin berth
Date d'achèvement	Completion date
Débit	Debit
Déblai	Excavation
Déboisage	Deforestation
Décalage	Shifting

Décalciner	Descale (to)
Décamètre	Tape (measuring)
Décantation	Sedimentation
Décapage de terre végétale	Stripping (top soil)
Décapeuse	Scraper
Décintrer	Strike (to)
Décompte final	Final account
Découpage au chalumeau	Cutting (flame)
Découpage autogène	Cutting (acetylene)
Déduction des trous	Deduction of holes
Défaut de laminage	Defect (rolling)
Défonceuse	Rooter
Déformation	Deflection
Déformation	Strain
Déformation à la rupture	Strain at failure
Déformation au cisaillement	Strain (shear)
Déformé au-delà de la limite élastique	Overstrained
Déformer de manière plastique	Yield (to)
Dégagement	Clearance
Dégrilleur	Strainer
Délai	Completion time
Démolition	Demolition
Dense	Dense
Densimètre	Density meter
Densité	Density
Densité apparente humide	Density (wet)
Densité apparente sèche	Density (dry)
Dépassement de contrainte	Overstress
Déperdition thermique	Heat lost
Déplacement	Displacement
Déplacement	Deflection
Déplacement transversal	Sway
Déplacer	Relocate (to)
Déplacer (se)	Move (to)
Dépôt	Deposit
Dépot d'explosifs	Explosives store
Dépouillement des offres	Analysis of tenders

Dépouiller	Sort through (to)
Dérangement	Disturbance
Dérochage	Rock removal
Descente eaux pluviales	Down pipe (rain water)
Description des travaux	Description of works
Déshydratation	Deshydration
Dessableur	Sand trap
Desserrage	Loosening
Desserrer	Loosen (to)
Dessiccateur	Desiccator
Dessin	Drawing
Dessin d'exécution	Drawing (workshop)
Dessinateur	Draughtsman
Dessous de poutre	Soffit
Destruction par rupture	Failure by rupture
Détail	Detail
Détendre	Relax (to)
Dévers	Crossfall
Déversement	Lateral buckling
Déversoir	Spillway
Déversoir d'eau de pluie	Overflow (storm water)
Déviation	By-pass
Dévidoir	Drum (payoff)
Devis	Estimate
Devis quantitatif	Bill of quantities
Dévisser	Unscrew (to)
Diable (outil)	Hand truck, barrow
Diaclase	Diaclase
Diagramme	Diagram
Diagramme de plasticité	Chart (plasticity)
Diagramme des contraintes	Diagram (stress)
Diamètre	Diameter
Diamètre à fond de filets	Diameter (core)
Diamètre des grains	Grain size
Diamètre extérieur	Diameter (outer) (O.D.)
Diamètre intérieur	Diameter (inner) (I.O.)
Diesel	Diesel
Diffusion	Diffusion

Digue	Breakwater – dike
Disjoncteur	Circuit breaker
Dilatation	Expansion
Dilater (se)	Expand (to)
Dimension	Dimension
Dimension hors tout	Size (overall)
Dimensionnement	Proportioning
Directeur de travaux	Site agent
Direction	Direction
Direction de projet	Project management
Discontinu	Discontinuous
Dislocation	Dislocation
Dispersion	Dispersion
Dispersion des contraintes	Dispersion (stress)
Disponible	Available
Dispositif	Device
Dispositif de sécurité	Device (safety)
Disque	Disc
Dissipation des contraintes	Dissipation (stress)
Dissolution	Solution
Dissoudre	Dissolve (to)
Distance	Distance
Distance cumulée	Distance (cumulative)
Distance de freinage	Distance (stopping)
Distorsion	Distorsion
Distribution des efforts	Carry over (cross)
Divers	Miscellaneous
Dommages	Damage (structural)
Données	Data
Donner	Give (to)
Dosage des constituants	Batching of constituents
Dosage en ciment	Content (cement)
Dosage en eau	Content (water)
Doser	Batch (to)
Dossier d'appel d'offre	Tender documents
Dossier (documents)	File (documents)
Douille	Socket
Dragage	Dredging

Drague	Dredger
Drague à câble	Dragline
Drague à godets	Dredger (scoop)
Drague aspirante	Dredger (suction)
Drague suceuse	Dredger (pump)
Draguer	Drag (to)
Drain	Drain
Drainer	Drain (to)
Droit (direction)	Straight
Duc-d'Albe	Dolphin
Ductilité	Ductility
Dune	Dune
Dur	Tough
Durci	Hardened
Durcissement	Hardening
Durcissement par écrouissage	Hardening (by cold working)
Durée du contrat	Contract period
Dureté	Toughness

Eau	Water
Eau chaude	Water (hot)
Eau courante	Water (running)
Eau d'égout	Water (sewage)
Eau de lavage	Water (wash)
Eau de refroidissement	Water (cooling)
Eau de ville	Water (tap)
Eau lourde	Water (heavy)
Eau phréatique	Water (ground)
Eau potable	Water (drinking)
Eau souterraine	Water (ground)
Eau stagnante	Water (stagnant)
Eaux de ruissellement	Water (surface)
Eaux pluviales	Rainwater
Eaux usées	Water (waste)
Eaux-vannes	Foulwater
Eaux-vannes	Soilwater
Ébarber	Deburr (to)
Éboulement	Landslide
Éboulis	Debris
Écart	Variation
Écart admissible	Deviation (allowable)
Écart moyen	Deviation (average)
Écartement	Spacing

Écartement des rivets	Spacing (rivet)
Échafaudage	Scaffolding
Échancrure	Notch
Échange	Exchange
Échangeur	Interchange
Échantignole	Cleat
Échantillon	Sample
Échantillon d'essai	Sample (test)
Échantillon prélevé dans un forage	Sample (boring)
Échelle	Ladder
Échelle à crénoline	Caged ladder
Échelle (d'un plan)	Scale
Échelon	Rung
Éclairage	Lighting
Éclissage	Connection by fish plates
Éclisse	Butt strap
Éclisse	Fish plate
Écluse	Lock
Écoinçon	Spandrel
Écoulement	Flow
Écran	Screen
Écran de palplanches	Screen (sheet pile)
Écrasé	Crushed
Écrou	Nut
Écrou hexagonal	Nut (hexagonal)
Écrouissage	Work hardening
Effectif	Effective
Effet de voûte	Arching
Effet secondaire du temps	Secondary time effect
Efficacité	Efficiency
Effluent	Effluent
Effondrement	Susbidence
Effondrer (s')	Collapse (to)
Effort	Force
Effort de compression	Force (compressive)
Effort de flexion	Force (bending)
Effort de serrage	Force (clamping)

Effort de traction	Force (tensile)
Effort normal	Load (axial)
Effort tranchant	Force (shear)
Effritement	Crumbling
Égal	Equal
Égout	Sewer
Élancement	Slenderness
Élargi	Widened
Élargissement	Widening
Élastique	Elastic
Électricien	Electrician
Électrode	Electrode
Électrode enrobée	Electrode (coated)
Électrolyse	Electrolysis
Élément	Member
Élément de facade	Unit (cladding)
Élément mural transversal	Unit (cross wall)
Élévation (dessin)	Elevation
Élingue	Sling
Élongation	Elongation
Embase	Pedestal
Embase	Plinth
Embout	Tip
Emboutir	Press (to)
Embrèvement boulonné	Joint (bolted bridle)
Empannon	Rafter (jack)
Empierrement	Hardcore
Emplacement	Location
Emploi	Use
En place	In place
Encastré	Restrained, built-in, embedded
Encastré aux deux extrémités	Restrained at both ends
Encastrement	Fixing
Enceinte de réacteur	Vessel (containment)
Encoche	Notch
Encombrant	Cumbersone
Encombrement	Dimension (outside)
Enduit	Coat

Enduit	Rendering
Enduit de ragréage	Surfacing
Enduit extérieur	Rendering
Enduit fin	Coat (plaster skim)
Enduit intérieur	Plastering
Enduit lisse	Rendering (smooth)
Enduit tyrolien	Rendering (tyrolean)
Énergie	Energy
Enfoncement	Settlement
Enfoncer	Drive in (to)
Enregistrement	Record
Enrochement	Rock fill
Enrochement	Riprap
Entailler	Notch (to)
Enterré	Buried
Entonnoir	Sink hole
Entonnoir (outil)	Funnel
Entraîneur d'air	Air entraining agent
Entrait	Joist (ceiling)
Entrait retroussé	Joist (trimmed)
Entrée	Entrance
Entrepôt	Warehouse
Entrepôt	Store
Entrepreneur	Contractor
Entreprise	Contracting firm
Entretien	Maintenance
Entretoise (béton)	Cross beam
Entretoise (métallique)	Cross girder
Entretoise	Diaphragm beam
Entretoisement	Bracing
Entrevous	Rough timber boarding
Enture	Splice
Enveloppe	Casing
Environ	Approximate
Épaisseur	Thickness
Épaisseur moyenne	Thickness (average)
Épandeuse	Spreader
Épaufrure	Breakage

Épaufrure	Chip
Épicentre	Epicentre
Épingle	Link, pin
Épissure	Splice
Éprouvette	Sample
Éprouvette (verre)	Tube (test)
Épuisement d'une fouille	Dewatering
Épure	Sketch, working drawing
Équipage de levage (pose de voussoirs)	Beam and winch placing device (segment placing)
Équerre	Square
Équilibre	Equilibrium
Équilibrer	Balance (to)
Équipage mobile	Carriage form traveler
Équipe de travail	Shift (working)
Équipement	Equipment
Équipement d'usine	Plant
Équipement ménager	Fittings
Équipement pour forage tube	Rig (core drill)
Équipements techniques	Services
Ergot	Lug
Erreur	Error
Erreur moyenne	Error (mean)
Escalier en colimaçon	Staircase (spiral)
Escalier en U à deux volées + palier	Staircase (dog leg)
Escalier mécanique	Escalator
Escaliers	Steps
Espace	Space
Espacement	Spacing
Essai	Test
Essai au choc	Test (impact)
Essai au froid	Test (cold)
Essai au pénétromètre	Test (penetration)
Essai aux ultrasons	Test (ultrasonic)
Essai courant	Test (routine)
Essai d'adhérence	Test (bond)
Essai d'étanchéité	Test (tightness)
Essai de chargement	Test (load)

Essai de cisaillement	Test (shear)
Essai de compactage	Test (moisture-density)
Essai de compactage Proctor	Test (Proctor compaction)
Essai de compression triaxial	Test (triaxial compression)
Essai de fatigue	Test (fatigue)
Essai de flambement	Test (buckling)
Essai de pénétration	Test (penetration)
Essai en place	Test (in situ)
Essence	Petrol
Essieu	Axle
Est	East
Estacade	Trestle
Estuaire	Estuary
Établir un budget	Budget (to)
Étage	Floor
Étage	Storey
Étage en sous-sol	Storey (basement)
Étai	Prop
Étaiement	Bracing
Étaiement	Falsework
Étain	Tin
Étalonnage	Calibration
Étanche	Impervious – waterproof
Étanchéité	Tightness
Étanchéité à l'eau	Tightness (water)
Étanchement	Sealing off
Étanchement bitumineux	Seal (bituminous)
Étançon	Brace
État brut de laminage	As rolled condition
État limité ultime (E.L.U.)	Ultimate limit state (U.L.S.)
Étau	Vice
Étayer	Brace (to)
Étayer	Prop (to)
Étiré à froid	Drawn (cold)
Étranglement	Restriction
Étrésillon à vérin	Strut (adjustable metal)
Étrier	Stirrup
Étrier de suspension	Hanger

Étroit	Narrow
Étude d'avant-projet	Concept design
Étude de base du projet	Basic design
Étude du sol	Soil investigation
Étude et supervision des travaux	Design and supervision of works
Études de préinvestissements	Studies (pre-investment)
Étuvage	Steam curing
Évacuation	Discharge
Évaporation	Evaporation
Évent	Vent
Évidement	Recess
Évidement cylindrique	Groove (cylindrical)
Évier	Sink unit
Exactitude	Accuracy
Examen	Examination
Examen aux rayons x	Examination (X-ray)
Excavateur à godets	Ditcher
Excavation	Excavation
Excaver	Dig (to)
Excentré	Eccentric
Excentricité	Eccentricity
Exécuté à la main	Hand made
Excédent	Surplus
Expansé	Expanded
Expédition (bateau)	Shipping
Expérience	Experience
Expérimental	Experimental
Expert-métreur	Surveyor (valuing)
Extensomètre	Extensometer
Extrados	Extrados
Extrémité	End
Exutoire principal	Outlet (main)

Fabricant	Manufacturer
Fabriqué en série	Produced (mass)
Façade (plan)	Elevation
Façade	Facade
Façonnage à chaud	Forming (hot)
Façonnage à froid	Forming (cold)
Facteur	Factor
Facteur d'amortissement	Factor (damping)
Facteur de stabilité	F.O.S. against overturning
Facultatif	Optional
Faille	Faulting
Faire un essai	Test (to)
Faîtage	Ridge
Faîte	Ridge
Faux-plafond	False ceiling
Faux-plafond	Ceiling (suspended)
Feldspath	Feldspar
Fenêtre	Window
Fenêtre de toit	Roof light
Fente	Split
Fer	Iron
Fer à souder	Soldering iron
Fer en U	Channel
Fer forgé	Iron (wrought)

Ferme	Truss
Ferme (charpente)	Roof truss
Ferme (treillis)	Truss
Ferraillage	Reinforcement
Ferrailleur	Steelfixer
Ferrure de faîtage	Ridge gusset plate
Fers de liaison	Rods (connecting)
Feuillard	Sheet metal
Feuille de plomb	Sheet (lead)
Feuille de polyéthylène	Sheeting (polyethylene)
Feuillure	Rabbet
Feuillure	Throating
Feutre	Felt
Fiabilité	Reliability
Fibre	Fibre
Fibre comprimée	Fibre (compression)
Fibre de verre	Glassfibre
Fibre extrême	Fibre (extreme)
Fibre inférieure	Fière (bottom)
Fibre moyenne	Fibre (middle)
Fibre neuve	Fibre (neutral)
Fibre tendue	Fibre (tension)
Fibrociment	Cement (abestos)
Fiche technique	Data sheet
Fil	Wire
Fil à plomb	Plumb line
Fil à souder	Rod (welding)
Fil de fer	Wire (steel)
Fil recuit	Wire (annealed)
Fil tréfilé	Wire (drawn)
Filet	Thread
Filet à droite	Thread (right hand)
Filet à gauche	Thread (left hand)
Filet de parement	Board (edging)
Filetage	Threading
Filiale	Subsidiary
Filon	Vein
Fils adhérents	Wires (bonded)

Filtre	Filter
Finitions	Finishings
Fissuration	Cracking
Fissuration	Fissuring
Fissure	Crack
Fissure de retrait	Crack (shrinkage)
Fissure fine	Crack (hair)
Fixage	Fixing
Fixation	Fastening
Flambement	Buckling
Flamber	Buckle (to)
Flèche (déformation)	Deflection
Fléchissement	Deflexion
Fleuve	River
Flexion	Flexion
Flexion composée	Flexion (compound)
Flexion simple	Flexion (simple)
Floculation	Flocculation
Flotteur	Float
Fluage	Creep
Fluidifiant	Plasticizer
Fluidité	Fluidity
Flux à souder	Flux (welding)
Flux de cisaillement	Flow (shear)
Foisonnement	Bulking
Fonçage	Sinking
Fonçage de puits en fondation	Sinking of pit foundation
Fonctionnaire	Civil servant
Fond	Bottom end
Fond de fouille	Excavation bottom
Fond de fouille	Subgrade
Fondation	Foundation, footing
Fondation combinée sur semelle	Foundation (combined)
Fondation d'un pilier	Foundation (pier)
Fondation de la chaussée	Foundation (road)
Fondation de route	Foundation (road bed)
Fondation en redans	Foundation (stepped)
Fondation isolée	Footing (pad)

Fondation parasismique	Foundation (earthquake resistant)
Fondation profonde	Foundation (deep)
Fondation rigide	Foundation (rigid)
Fondation superficielle	Foundation (shallow)
Fondation sur pieux	Foundation (pile)
Fondation sur puits	Foundation (pier)
Fondation sur radier	Foundation (mat)
Fondation sur radier	Foundation (raft)
Fondation sur semelle	Foundation (strip)
Fondation sur semelle continue	Foundation (long strip)
Fondation sur semelle isolée	Foundation (slab)
Fonte	Cast iron
Forage (activité de)	Boring
Forage (trou de)	Borehole
Forage au rotary	Drilling (rotary)
Forage au tube carottier	Boring (tube sample)
Forage d'essai	Hole (trial)
Forage par délavage	Boring (wash-out)
Force	Force
Force de rappel	Force (restoring)
Forer	Drill (to)
Foret à bois	Bit (twist) for wood
Foret de maçonnerie	Drill (masonry)
Foret hélicoïdal	Drill (twist)
Forfait	Lump sum
Forger	Forge (to)
Formation	Formation
Forme de la structure	Feature (structural)
Forme de radoub	Dock (graving)
Forme de radoub	Dock (dry)
Formule	Formula
Formule de battage	Formula (pile driving)
Fosse	Ditch
Fosse	Pit
Fosse de relevage	Sump pit
Fouille	Excavation
Fouille dans l'eau	Excavation (underwater)
Fouille ouverte	Cut (open)

Fournisseur	Supplier
Fourreau	Sleeve
Fourrure	Packing
Foyer	Focus
Foyer d'un séisme	Hypocentre
Frais généraux	Overheads
Frein	Brake
Fréquence	Frequency
Frettage par hélices	Helical binding
Frisette	Roof boarding
Front d'attaque	Face (tunnel)
Frottement	Friction
Frottement latéral	Friction (side)
Frottement latéral négatif	Friction (negative skin)
Frottement parasite	Friction (wobble)
Frottement superficiel	Friction (skin)
Fruit (d'un mur)	Batter (wall)
Fuite	Leakage
Funiculaire	Curve (catenary)

Gabarit	Template
Gabarit (passage)	Clearance
Gaine	Duct
Gaine d'ascenseur	Liftwell
Gaine de service	Duct (service)
Gaine de ventilation	Duct (ventilation)
Galerie	Gallery
Galerie d'accès	Tunnel
Galerie d'adduction	Aqueduct
Galerie d'amenée	Tunnel (inlet)
Galerie d'évacuateur de crues	Culvert (spillway)
Galerie d'expansion	Gallery (expansion)
Galerie de chasse	Tunnel (scour)
Galerie de dérivation	Tunnel (diversion)
Galerie de drainage	Gallery (drainage)
Galerie de fuite	Tunnel (outlet)
Galerie de visite	Gallery (inspection)
Galerie technique	Gallery (technical)
Galet	Cobble
Galvanisé à chaud	Galvanized (hot-dip)
Galvanisation	Galvanizing
Gants de travail	Gloves
Garage	Garage
Garage (tunnel)	Lay-by

Garantie décennale	Guarantee (ten-years)
Garde-corps	Hand-railing
Gardien	Watchman
Gargouille	Gargoyle
Gauche	Left
Gauchissement	Buckling
Gazoduc	Gas line
Génie civil	Civil engineering
Génie parasismique	Earthquake engineering
Geodésie	Geodesy
Géologue	Geologist
Géomètre	Surveyor
Giron (de marche)	Tread
Glissement de remblai	Failure (embankment)
Glissement de surface	Creep (surface)
Glissement de terrain	Landslide
Glisser	Slide (to)
Glissière de sécurité	Barrier (crash)
Gneiss	Gneiss
Gonflage	Swelling
Gonflement par le gel	Heave (frost)
Gorge	Groove notch
Gorge	Throat
Goudron	Tar
Goujon	Dowel
Goulotte	Chute
Goupille	Pin (gudgeon)
Gousset	Gusset plate
Gousset (B.A.)	Haunch
Gouttière	Gutter
Gradient	Gradient
Gradient thermique	Gradient (temperature)
Graisser	Lubricate (to)
Granit	Granite
Granulats	Aggregates
Granulométrie	Granulometry
Graphique	Chart
Gravier	Gravel

Gravier concassé	Gravel (crushed)
Gravier roulé	Gravel (rolled)
Gravillon	Pea-gravel
Grenaille	Steelgrit
Grenier	Loft
Grès	Sandstone
Grillage (clôture)	Mesh
Grillage (barreaux)	Grating
Grillage soudé inférieur	Fabric reinforcement (lower)
Grillage soudé supérieur	Fabric reinforcement (upper)
Grille	Grating
Grille de dessablage	Coarse screen
Gros agrégats	Aggregates (coarse)
Gros béton	Concrete fill
Gros œuvre	Civilworks
Groupe électrogène	Generator
Grue	Crane
Grue à tour	Crane (tower)
Grue flottante	Crane (floating)
Grue mobile	Crane (mobile)
Gruger	Notch (to)
Gué	Ford
Gunitage	Guniting
Gypse	Gypsum

Habitation	Dwelling
Hachette	Hatchet
Hall d'entrée	Entrance hall
Hangar	Hangar
Harnais	Harness
Haubans (pont)	Guy lines
Haubans	Cable stays
Haut	High
Hautes eaux	Waters (time)
Hauteur	Height
Hauteur d'eau	Depth of water
Hauteur de l'ouvrage	Height (structure)
Hauteur de levage	Height (lifting)
Hauteur de poutre	Depth (beam)
Hauteur hors tout	Height (overall)
Hauteur moyenne	Height (average)
Hauteur utile	Effective depth
Havage (caisson)	Self-sinking
Hérisson	Stone fill
Heurtoir	Buffer
Hiver	Winter
Homologation	Approval
Horizontal	Horizontal
Hourdis	Hollow block floor, concrete slab

Huile de décoffrage	Oil (mould)
Humide	Damp
Humidité	Dampness
Hydrofuge	Water repellent
Hydrostatique	Hydrostatic
Hyperstatique	Statically indeterminate
Hypothèse	Hypothesis

Ignifuge	Fire proof
Île	Island
Imbibé d'eau	Waterlogged
Immeuble de bureaux	Office block
Immeuble d'habitation à étages multiples	Skyscraper, highrise building
Imperméabilisant	Water proofing agent
Imperméable	Watertight
Implantation	Lay out
Impuretés	Skimmed off
In situ	In situ
Inaffouillable	Unscourable
Inclinaison	Inclination
Incliné	Inclined
Incorporé	Built in
Indice	Index
Indice de liquidité	Index (liquidity)
Indice de plasticité	Index (plasticity)
Indice de retrait	Ratio (shrinkage)
Indice des vides	Ratio (void)
Inégalité	Unevenness
Inertie	Inertia
Inférieur	Lower
Infiltration	Seepage

Influence	Influence
Infrastructure	Substructure
Ingénieur	Engineer
Ingénieur en chef	Engineer (chief)
Ingénieur génie civil	Engineer (civil)
Ingénieur-conseil	Engineer (consulting)
Injecter	Grout (to)
Injection de coulis	Grouting
Injection des joints	Grouting (joint)
Inondation	Inundation
Inondation	Flooding
Inspecteur municipal de travaux	Surveyor (borough)
Installations de chantier	Setting up of site
Intégrale (maths)	Integral
Intensité d'un séisme	Intensity of ground motion
Interface	Interface
Intérieur	Inside
Intermédiaire	Intermediate
Interne	Internal
Intersection	Intersection
Intrados	Intrados
Irrigation	Irrigation
Isolation	Insulation
Isolation phonique	Insulation (sound)
Insolation thermique	Insulation (thermal)
Isolation thermique en polysty-rène	Insulation (polystyrene)
Isolé	Simple
Isorel	Hardboard
Isostatique	Statically determinate
Isotrope	Isotropic

Jalon	Ranging rod
Jambage de porte	Door-stud
Jambe de force	Strut
Jauge	Gauge
Jetée	Jetty
Jeu (mécanique)	Clearance
Jeu de clés	Set of spanners
Joint	Joint
Joint à recouvrement	Joint (lap)
Joint articulé	Joint (hinged)
Joint biais	Joint (skew)
Joint biais	Joint (bevelled)
Joint caoutchouc	Seal (rubber)
Joint creux	Joint (hollow)
Joint de chaussée	Joint (bridge expansion)
Joint de construction	Joint (construction)
Joint de contraction	Joint (contraction)
Joint de cuir (vérin)	Ring (leather gasket)
Joint de dilatation	Joint (expansion)
Joint de reprise horizontal	Construction joint (horizontal)
Joint de retrait	Joint (shrinkage)
Joint de terre glaise	Seal (clay)
Joint droit	Joint (butt)
Joint en mousse de polyéthylène	Seal (expanded polyethylene)

Joint en néoprène	Neoprene weather baffle
Joint étanche	Joint (tight)
Joint étanche	Seal (leak proof)
Joint lisse	Joint (flush)
Joint maté	Joint (caulked)
Joint retroussé	Joint (returned lapped)
Joint scié	Joint (sawn)
Joint sec	Joint (dry)
Joint sec	Joint (butt)
Joint soudé	Joint (welded)
Jointoyer	Point (to)
Joints conjugués	Joint (match-cast)
Jour d'escalier	Stairwell
Justification	Supporting calculations

Kaolin Kaolin

Laboratoire	Laboratory
Lac de barrage	Reservoir (dam)
Lagon	Lagoon
Laine de verre	Glass wool
Lait de ciment	Cement slurry
Laiton	Brass
Lambourde	Strutting board
Lambourde	Floor joist
Lambourde engravée	Let in ribbon
Lambris	Marchboarding
Lamellé-collé	Laminated wood
Laminage	Rolling
Laminoir	Mill (rolling)
Lançage	Launching
Lanceur	Launching truss
Lanterneau	Skylight
Large	Wide
Largeur	Width
Largeur hors tout	Width (overall)
Larmier	Drip
Latéral	Lateral
Latte	Lath
Légende	Key (drawing)
Lest	Ballast

Levé cadastral	Survey (cadastral)
Levé topographique	Survey (topographic)
Levée	Mean
Lever	Lift (to)
Levier	Lever
Liaison	Bond
Liant	Binder
Liant hydraulique	Matrix-cement (hydraulic)
Lierne	Fender walling
Ligature	Tie
Ligne d'influence	Line (influence)
Ligne de référence	Line (reference)
Ligne hachurée	Line (dotted)
Lime	File (tool)
Limite	Limit
Limite élastique	Stress (yield)
Limon	Silt
Limon	Loam
Linteau	Lintel
Liquéfaction	Liquefaction
Liquide	Liquid
Lissage	Smoothing
Lisse (main courante)	Rail
Lisse basse	Sub-sill
Lisse d'appui	Sill
Listel	Fillet
Lit bactérien	Bacteria bed
Lit de séchage de boues	Sludge drying bed
Lit (aciers)	Layer
Lit (rivière)	Bed
Liteau	Batten
Livraison	Delivery
Logement	Dwelling
Loggia	Balcony
Longeron	Stringer
Longrine	Ground beam, beam on grade
Longueur	Length
Longueur de flambement	Buckling length

Longueur de recouvrement	Length (lap)
Longueur hors tout	Length (overall)
Longueur utile	Length (effective)
Lotissement	Batch phasing
Lourd	Heavy
Lubrifier	Lubricate (to)
Lucarne	Dormer
Lunettes de protection	Goggles

Macadam	Macadam
Mâchefer	Cinder
Mâchoire	Jaw
Maçon	Mason
Maçonnerie	Brickwork
Madrier	Beam (timber)
Madrier	Deal
Magasin	Shop
Magasinier	Storekeeper
Magnitude	Magnitude
Maigre	Lean
Maille	Mesh
Maillet en bois	Mallet (wooden)
Maillon	Link (of a chain)
Main courante	Hand rail
Main-d'œuvre	Labour
Main-d'œuvre qualifiée	Labour (skilled)
Maison	House
Maître d'œuvre	Architect or main consulting engineer
Maître d'ouvrage	Client
Malaxer	Mix (to)
Manche	Shaft
Manchon	Sleeve

Manchon de raccordement	Sleeve (connecting)
Manette	Lever (hand)
Manivelle	Crank
Manœuvre	Labourer
Manomètre	Manometer
Manutention	Handling
Maquette	Model
Marais	Swamp
Marbre	Marble
Marché clé en main	Contract (turn key)
Marche (escalier)	Step
Marécage	Marsh
Marée basse	Tide (low)
Marée descendante	Ebb-tide
Marée haute	Tide (high)
Marée montante	Flood-tide
Marge bénéficiaire	Profit margin
Marge de sécurité	Safety margin
Marge de tolérance	Tolerance
Marinage des déblais	Mucking out
Marne	Marl
Marteau	Hammer
Marteau-piqueur	Jack-hammer
Masque d'about	Bulkhead (end)
Masque de soudeur	Welding mask
Masse (outil)	Mass, hammer (sledge)
Massette	Hammer (lump)
Massif d'ancrage	Anchorage block
Massif de fondation	Foundation block
Mastic	Putty
Mât	Mast
Mât en treillis	Mast (lattice)
Mât haubané	Mast (stayed)
Matériau	Material
Matériau d'emprunt	Material (borrow)
Matériau de construction	Material (building)
Matière première	Material (raw)
Matoir	Caulking tool

Mâture (grue flottante)	Crane (floating)
Mauvais temps	Inclement weather
Maximum	Maximum
Mécanique	Mechanical
Mèche (forage)	Bit (drill)
Médian	Middle
Mélange	Mixture
Membrane	Diaphragm
Membrure	Chord
Membrure comprimée	Chord (compression)
Membrure inférieure	Chord (bottom)
Membrure superieure	Chord (top)
Membrure tendue	Chord (tension)
Meneau	Mullion
Menuiserie	Joinery
Menuisier	Joiner
Mer	Sea
Mesure	Measure
Mesure de tassement	Measurement (settlement)
Métal déployé	Metal latting (expanded)
Métal léger	Metal (lightweight)
Méthode	Method
Méthode berlinoise	Berlin building system
Méthode brevetée	Patent system
Méthode brevetée	Proprietary system
Méthode graphique	Method (graphical)
Métré	Measurement
Mètre	Meter
Métreur‑	Quantity surveyor (Q.S.)
Métropolitain	Underground railway
Mettre en précontrainte	Prestress (to)
Meuble (sol)	Soft, moveable
Meule	Grinding wheel
Meuler	Grind (to)
Mezzanine	Mezzanine
Mi-dur	Medium hard
Mica	Mica
Microfissure	Microcrack

Milieu	Middle
Millimètre	Millimeter
Mine	Mine
Minisouterrain	Tunnel (reduced height)
Mire	Staff
Mis en tension	Tensionning
Mise à jour	Update
Mise en œuvre	Construction
Mise en place	Placing
Modification	Amendment
Modifié	Amended
Module	Modulus
Module d'élasticité	Modulus of elasticity
Module de Young	Young's modulus
Module de Poisson	Poisson's ratio
Moellon	Stone block
Moins	Less
Môle de jetée	Jetty head
Moment	Moment
Moment d'encastrement	Moment (restraint)
Moment d'inertie	Moment of inertia
Moment de flexion déviée	Moment (biaxial)
Moment de torsion	Moment (twisting)
Moment en travée	Moment (span)
Moment fléchissant	Moment (bending)
Moment statique	Moment (statical)
Moment sur appui	Moment (support)
Monorail	Monorail
Montage	Erection
Montant	Jamb
Montant (porte)	Upright
Montant du devis	Budget figure
Monte-charge	Lift (goods)
Montée d'escalier	Staircase
Mortaise	Mortise
Mortier	Mortar
Mortier à prise lente	Mortar (slow setting)
Mortier à prise rapide	Mortar (quicksetting)

Mortier d'enduit	Mortar (rendering)
Mortier de chaux	Mortar (lime)
Mortier de ciment	Slurry
Mortier de ciment	Mortar (cement)
Mortier de pose	Mortar (bedding)
Mortier de reprise	Mortar (bonding)
Moufler un câble	Reeve (to) a wire line
Mouton	Hammer (pile)
Mouton à déclic	Hammer (drop)
Mouton à vapeur	Hammer (steam)
Mouton sec	Hammer (gravity)
Moyen de protection contre la rouille	Rust protective agent
Moyen (numérique)	Average
Moyen (utilisation)	Means
Mur	Wall
Mur à contreforts	Wall (butressed)
Mur à double paroi	Walling (hollow)
Mur coupe-feu	Wall (fire)
Mur creux	Wall (cavity)
Mur de clôture	Wall (fence)
Mur de pied de talus	Wall (toe)
Mur de pierres sèches	Wall (dry)
Mur de protection	Wall (protective)
Mur de soutènement	Wall (retaining)
Mur en aile	Wall (wing)
Mur en élévation	Wall (rising)
Mur en retour	Wall (side)
Mur mitoyen	Wall (party)
Mur pignon	Wall (gable)
Mur porteur	Wall (load bearing)
Mur principal	Wall (main)
Mur suspendu	Wall (suspended)
Muraille	Wall (town)
Muraille	Wall (city)
Muret	Wall (sleeper)
Muret	Wall (stub)
Mur-rideau	Wall (curtain)
Musoir de jetée	Head (jetty)

Naissance (d'un arc)	Springing
Nappe aquifère	Water table
Nappe d'eau suspendue	Water table (perched)
Nappe phréatique	Watertable (phreatic)
Naturel	Natural
Neige	Snow
Neoprène	Neoprene
Nervure	Rib
Nettoiement	Cleaning
Nettoyage	Cleaning
Nez de pile	Nose (pier)
Nid-d'abeille	Honeycomb
Nid-d'abeille (structure)	Honeycomb structure
Niveau	Level
Niveau (instrument)	Surveyor's level
Niveau à bulle	Spirit level
Niveau de la fondation	Surface (subgrade)
Niveau de la fondation	Foundation level
Niveau de la nappe aquifère	Water table level (ground)
Niveau de poche	Boat level
Niveau piézométrique	Level (piezometric)
Niveler	Level out (to)
Niveleuse	Grader
Nivellement	Levelling

Nombre	Number
Nœud	Connection
Nœud	Node
Nomenclature (B.A.)	Bending schedule
Nominal	Nominal
Non à l'échelle	Not to scale (N.T.S.)
Nord	North
Normal	Normal
Normes	Standard
Note de calcul	Calculations
Notice	Leaflet
Notice de documentation	Sheet (data)
Noue (toit)	Valley
Noyau	Core
Noyau central	Middle third
Noyau étanche (barrage)	Core – Cut off (dam)
Noyé (dans du béton)	Embedded
Nuance d'acier	Steel grade
Nucléaire	Nuclear
Nul	Null
Numéro d'ordre de série	Number (serial)

Objet (étendue)	Scope
Observation de tassement	Settlement observation
Obturé	Blocked off
Œdomètre	Oedometer
Offre	Tender
Ondes sismiques	Seismic waves
Onglet	Joint (mitre)
Orage	Storm
Organe	Component
Orientable	Adjustable
Ornement	Enrichment
Ossature métallique	Frame (steel)
Oued	Wadi
Ouest	West
Ouragan	Hurricane
Outillage	Tools
Ouvert	Open
Ouverture	Opening
Ouvrage	Structure
Ouvrage en brique	Brickwork
Ouvrages annexes	Works (auxiliary)
Ouvrages d'art	Engineering structures
Ouvrier	Worker
Ovale	Oval shaped

Paillasse	Bench
Palan	Tackle
Palan à chaîne	Hoist (chain)
Palée	Trestle
Palée	Bent
Palée provisoire	Bent (temporary)
Palier	Landing
Palissage	Fence
Palonnier	Beam (lifting)
Palonnier	Bridle
Palplanches	Sheet pile
Panne (poutre)	Purlin
Panne faîtière	Ridge board
Panneau	Panel
Panneau de copeaux	Chipboard
Panneau de fibre de bois	Fibreboard
Panneau de signalisation	Road sign
Panneau isolant	Board (insulation)
Panneau isolant	Pannel (insulation)
Panneau latté	Blockboard
Panneau mural	Wall unit
Parafouille	Cut off trench
Parafouille en palplanches	Cut off (sheet pile)
Parapet	Parapet

Paratonnerre	Lightning conductor
Parc	Storage yard
Parement	Facing (wall)
Paroi (mur)	Wall
Paroi (surface)	Skin
Paroi d'un puits	Side of shaft
Paroi de palplanches	Wall (sheet pile)
Paroi extérieure	Skin (external)
Paroi intérieure	Skin (internal)
Paroi moulée	Wall (diaphragm)
Parpaing	Blockwork (concrete)
Partiel	Partial
Passage à niveau	Crossing (level)
Passage clouté	Crossing (zebra)
Passage inférieur	Underpass
Passage supérieur	Overpass
Passe (soudage)	Layer
Passerelle	Footbridge
Passerelle	Catwalk
Patte de fixation	Bracket (mounting)
Pavage	Paving
Pavé	Cobbing
Pédologue	Soil scientist
Peintre	Painter
Peinture	Paint
Peinture antirouille	Paint (rust-protective)
Peinture bitumineuse	Paint (asphaltic)
Pelle	Shovel
Pelle en benne preneuse	Grab
Pelle en butte	Shovel (face)
Pelle en dragueline	Dragline
Pelle en rétro	Back actor
Pelle mécanique	Shovel (power)
Pénétration	Penetration
Pénétration (soudure)	Penetration (welding)
Pénétromètre	Penetrometer
Pente	Slope
Pente ascendante	Slope (up)

Pente descendante	Slope (down)
Pénurie	Shortage
Percer	Drill (to)
Perceuse électrique	Drill (electric)
Perfectionnement	Improvement
Périmètre	Perimeter
Perméamètre	Permeameter
Permis de construire	Planning permission
Perpendiculaire	Perpendicular
Perré	Riprap
Perron	Terrace
Perte d'eau	Loss (water)
Perte de chaleur	Loss (heat)
Perte de charge	Drop (pressure)
Perte par frottement	Loss (friction)
Pervibration	Vibration (internal)
Peu profond	Shallow
Phase	Stage
Pièce (habitation)	Room
Pièce	Part
Pied à coulisse	Vernier calipers
Pied-de-biche	Bar (crow)
Pied de poteau	Base (stanchion)
Pierraille	Stone fill
Pierre	Stone
Pierre de taille	Ashlar
Pieu	Pile
Pieu à sable	Pile (sand)
Pieu à vis	Pile (screw)
Pieu d'amarrage	Post (mooring)
Pieu en acier	Pile (steel)
Pieu en bois	Pile (timber)
Pieu flottant	Pile (floating)
Pieu in situ	Pile (in situ)
Pieu incliné	Pile (raking)
Pieu moulé dans le sol	Pile (cast in place)
Pieu préfa	Pile (precast-concrete)
Pieu résistant à la pointe	Pile (point bearing)

Pieux (faisceau de)	Pile group
Pignon	Gable
Pile	Pier
Pilon	Tamper
Pinceau	Brush
Pince-étau	Wrench (monkey)
Pinces	Pliers
Pinces à ligatures	Steelfixer's nips
Pioche	Pick
Pion	Pin (metal)
Piste (route)	Track (running)
Piste d'atterrissage	Runway
Piston de blocage	Piston (ramming)
Placard	Cupboard
Placoplâtre	Gypsum board
Placoplâtre	Plaster board
Plafond	Ceiling
Plafond suspendu	Ceiling (suspended)
Plan (dessin)	Drawing
Plan approuvé	Drawing (approved)
Plan d'exécution	Drawing (working)
Plan d'exécution	Drawing (construction)
Plan d'implantation	Drawing (layout)
Plan de cisaillement	Plane (shear)
Plan de coffrage	Drawing (formwork)
Plan de détails	Drawing (details)
Plan de masse	Drawing (layout)
Plan moyen	Plane (mid)
Plan (surface)	Plane
Planche	Board
Planche	Plank
Planche profilée	Matchboard
Plancher	Floor
Plancher en bois	Timber floor
Plancher en hourdis creux	Flooring (hollow block)
Plaque	Panel
Plaque d'appui	Bearing plate
Plaque d'égout	Plate (sewer)

Plaque protectrice	Flashing (sheet metal)
Plastifiant	Plasticizer
Plastique armé de verre	Fibreglass
Plat	Flat
Platelage	Flooring
Platine (plaque de métal)	Plate (steel)
Plâtre	Plaster
Plinthe	Plinth
Plombier-zingueur	Plumber-tinsmith
Plus	More
Poids	Weight
Poids brut	Gross-weight
Poids net	Weight (net)
Poids propre	Load (dead)
Poids spécifique	Specific gravity, weight (unit)
Poignée	Handle
Poinçonnement	Punching
Point d'appui	Bearing
Point fixe	Benchmark
Pointage (soudage)	Tack welding
Pointe (clou)	Nail
Pointe du pieu	Pile (point)
Pointe du pieu	Pile tip
Pointe longue (clou)	Spike
Pointeau	Timekeeper
Pointillé	Dotted line
Polygone des forces	Polygon of forces
Pompage	Pumping
Pompe à béton	Pump (concrete)
Pompe immergée	Pump (submersible)
Poncé	Pumice
Ponceau	Bridge (small)
Pondéré	Balanced
Pont	Bridge
Pont à béquilles	Bridge (portal frame)
Pont à béquilles inclinées	Bridge (raking leg portal)
Pont à hauban	Bridge (cable-stayed)
Pont à poutres	Bridge (girder)

Pont à poutres continues	Bridge with continuous beams
Pont basculant	Bridge (bascule)
Pont basculant	Bridge (lifting)
Pont biais	Bridge (skew slab)
Pont cantilever	Bridge (cantilever)
Pont en arc	Bridge (arch)
Pont levant	Bridge (vertical-lift)
Pont mixte acier-béton	Bridge (composite)
Pont ouvrant	Bridge (double-bascule)
Pont ouvrant	Bridge (opening)
Pont poussé	Bridge (launched)
Pont roulant	Crane overhead
Pont suspendu	Bridge (suspension)
Pont tournant	Bridge (swing)
Pont-dalle	Bridge (slab)
Pont-rail	Bridge (railway)
Pont-route	Bridge (road)
Pont-voûte	Bridge (arch)
Poreux	Porous
Porosité	Porosity
Portance	Bearing capacity
Porte	Door
Porte à faux	Overhang
Portée	Span
Portée libre	Span (free)
Portée principale	Span (main)
Portique	Portal frame
Portique d'essai	Frame (proving)
Portique de chargement	Frame (loading)
Pose	Laying down
Poseur	Fitter
Poseur	Layer
Poste de soudage	Welding set
Poste de transformation	Transformer station
Poteau	Column
Poteau électrique	Pole (electricity supply)
Poteau métallique de portique	Frame stanchion
Poulie	Pulley

Poussée d'Archimède	Buoyancy
Poussée de voûte	Pressure (arch)
Poussée des terres	Pressure (active earth)
Poussée du vent	Pressure (wind)
Poutraison	Girderage
Poutraison	Framing of beams
Poutre (béton)	Beam
Poutre (métal)	Girder
Poutre à âme pleine	Girder (solid web)
Poutre à treillis	Girder (lattice)
Poutre caisson	Girder (box)
Poutre cantilever	Girder (cantilever)
Poutre ceinture (de bâtiment)	Beam (ring)
Poutre continue	Girder (continuous)
Poutre creuse	Girder (hollow)
Poutre de roulement	Crane beam
Poutre de roulement	Girder (gantry)
Poutre de toiture	Beam (roof)
Poutre en I	Girder (I)
Poutre en T en béton armé (bâtiment)	Floor T-beam (reinforced)
Poutre fléchie	Girder (bending)
Poutre préfabriquée	Beam (precast)
Poutre principale	Girder (main) – Beam (main)
Poutre sur appuis simples	Beam (simply supported)
Poutre sur appuis élastiques	Beam on elastic layers
Poutrelle	Joist
Pouzzolane	Pozzolana
Préchargement	Preloading
Préchauffage	Preheating
Précision	Accuracy
Précontraindre	Prestress (to)
Précontrainte	Prestressing
Précontrainte par câbles	Prestressing by tendons
Précontrainte par fils adhérents	Prestressing by bonded wires
Prédalle	Slab (precast)
Préfabriquer	Precast (to)
Prélèvement d'échantillon	Sampling

Presse	Press
Presse-étoupe	Gland nut
Pression	Pressure
Pression des terres	Pressure (earth)
Principal	Main
Principe de superposition	Principle of superposition
Prise (béton)	Setting
Prise d'air	Intake (air)
Prise d'eau	Intake (water)
Prise électrique femelle	Socket outlet
Prise électrique mâle	Plug
Prix	Rate, cost, price
Prix calculé	Cost (estimated)
Prix forfaitaire	Price (lump)
Prix mis à jour	Cost (updated)
Produit de cure	Curing compound
Produit moussant	Agent (foaming)
Profil	Profile
Profil en long	Longitudinal section
Profil en travers	Cross section
Profilé	Steel (section)
Profilé de couverture	Coping (profiled)
Profilé reconstitué soudé (P.R.S.)	Welded plate girder (W.P.G.)
Profondeur	Depth
Profondeur de la fondation	Depth of foundation
Projet	Project
Projet hydraulique	Water scheme
Protection de la corrosion	Protection against corrosion
Puisard	Catchpit
Puits	Well
Purge	Bleed
Purification	Treatment
Pylône	Mast
Pylône	Pylon
Pylône ligne haute tension	Tower (high tension)

Quadrillé	Crossed
Quadrillé	Gridded
Quai	Quay
Qualité	Quality
Qualité d'acier	Grade of steel
Quantité	Quantity
Quartz	Quartz
Queue-d'aronde	Dovetail
Quincaillerie de bâtiment	Ironmongery
Quinconce (en)	Staggered

Rabot	Plane
Raccord	Connection
Raccordement circulaire	Camber
Raccordement circulaire	Circular transition curve
Raccourcissement	Shortening
Racine carrée	Square root
Rade	Roadstead
Radian	Radian
Radier	Invert
Rafale de vent	Air gust
Ragréage	Making good
Raideur	Rigidity
Raideur	Stiffness
Raidisseur	Stiffener
Raidisseur horizontal	Stiffener (horizontal)
Raidisseur vertical	Stiffener (vertical)
Rail	Rail
Rainure	Groove
Rampe (lancement de navire)	Slipway
Rampe d'accès	Access ramp
Rangée	Row
Râpe	Rasp
Rapport (coefficient)	Ratio
Rapport (document)	Report

Râteau	Rake
Ravin	Gully
Rayon d'influence	Radius of influence
Rayon de courbure	Radius (bending)
Rayon de giration	Radius of gyration
Réacteur nucléaire	Reactor (nuclear)
Réaction	Reaction
Réaction d'appui	Reaction at support
Réalisation	Achievement
Rebord	Ledge
Recépage du pieu	Pile cut off
Réception des travaux	Handing over
Recharger par soudure	Thicken (to)
Recharger par soudure	Build up by welding (to)
Reconnaissances	Preliminary studies
Recouvrement des barres	Overlapping of bars
Réducteur	Reducer
Réel	Actual
Réemploi	Re-use
Refend (mur de)	Wall (spine)
Refoulement	Discharge
Réfrigérant	Cooler
Refus d'un pieu	Refusal of a pile
Regard	Manhole
Règles d'urbanisme de construction	By-law
Relais	Relay
Relevé de terrain	Survey (ground)
Remblai	Backfill
Remblai compacté	Fill (compacted)
Remblai en tout-venant	Fill (random)
Rendement (cadence)	Performance
Rendement (cadence)	Output
Rendement (maths)	Yield
Rendement d'une section	Efficiency factor
Renforcement du bâti ancien (séisme)	Retrofit (earthquake)
Renforcer	Strengthen (to)
Renseignement	Information

Renversement	Overturning
Réparation	Repair
Réparti	Distributed
Répartition de la charge	Repartition (load)
Répartition des contraintes	Stress distribution
Répartition triangulaire de charge	Triangular load distribution
Repère de nivellement	Bench mark
Repiquer	Scabble (to)
Réplique (séisme)	Aftershock (earthquake)
Reprendre en sous-œuvre	Underpin (to)
Reprise en sous-œuvre	Underpinning
Réseau	Network
Réseau d'égout	Sewage
Réseau d'évacuation	Drain
Réservoir	Reservoir
Résidu	Sludge
Résine	Resin
Résistance	Strength
Résistance à la compression	Srength (unconfined compressive)
Résistance à la rupture cisaillement	Strength (shear)
Résistance à la traction	Strength (tensile)
Résistance au cisaillement	Strength (shearing)
Résistance au feu	Resistance (fire)
Résistance au flambement	Strength (buckling)
Ressort	Spring
Résultante	Resultant
Résultat	Result
Résumé	Summary
Retardateur de prise	Retarding agent
Retrait	Shrinkage
Retrait linéaire	Shrinkage (linear)
Revenu	Tempering
Réverbère	Street light
Revêtement antidérapant	Surfacing (non-skid)
Revêtement bitumineux	Surfacing (bituminous)
Revêtement de chaussée	Surfacing (carriageway)
Revêtement de protection	Coating (protective)

Revêtement de sol	Flooring
Revêtement de trottoir	Footpath surfacing
Revêtement en béton	Lining (concrete)
Revêtement (bâtiment)	Lining
Revêtement (géologie)	Blanket
Rez-de-chaussée	Ground floor
Rideau de palplanches	Sheet pile screen
Rigide	Non-yielding
Rigidité	Rigidity
Rigole (sol)	Ditch
Rigole (toit)	Gutter
Risberne	Berne
Rive (océan)	Shore
Rive (fleuve)	Bank
Rivé à chaud	Riveted (hot)
Rivé à froid	Riveted (cold)
River	Rivet (to)
Rivet	Rivet
Rivet à tête ronde	Rivet (button head)
Rivière	River
Roche	Rock
Rondelle	Washer
Rondelle grover	Washer (spring)
Rotulé	Pinned
Rotule plastique	Hinge (plastic)
Rouille	Rust
Rouleau	Roller
Rouleau cylindre	Roller (drum)
Rouleau dameur	Roller (tamping)
Rouleau pieds-de-mouton	Roller (sheepsfoot)
Rouleau vibrant	Roller (tamping)
Route	Road
Route à deux voies	Road (two lanes)
Route à sens unique	Road (one way)
Route bombée	Road (barrel)
Route d'accès	Road (access)
Route nationale	Road (trunk)
Rugosité	Roughness

Rugueux	Rough
Ruisseau	Brook
Rupture	Rupture

S

Sablage	Sand blasting
Sable	Sand
Sable boulant	Quicksand
Sable fin	Sand (fine)
Sable grossier	Sand (coarse)
Sablière (mur)	Wall plate
Sabot	Shoe
Saignée	Groove
Saignée	Chase
Saillie de rive	Verge
Salaire	Salary
Salle à manger	Dining room
Salle de bains	Bathroom
Salle de commande	Room (control)
Salle de réunion	Hall (meeting)
Salon	Living room
Sas	Air lock
Saturation	Saturation
Scellement (étanchéité)	Seal
Scellement (ancrage)	Anchorage
Scellement (mortier)	Mortaring in
Schéma	Diagram
Schiste	Schist
Scie à archet	Saw (bow)

Scie à métaux	Saw (hack)
Scie circulaire	Saw (circular)
Scie égoïne	Saw (hand)
Scissomètre	Apparatus (shear vane)
Seau	Bucket
Séché à l'étuve	Oven-dried
Sécheur	Drier
Secondaire	Secondary
Secousse	Shaking
Section	Section
Section homogène	Section (homogeneous)
Section nette	Section (net)
Sécurité	Safety
Sédiment	Sediment
Ségrégation	Segregation
Séisme	Earthquake
Semelle	Footing
Semelle continue	Footing (continuous)
Semelle filante	Footing (long strip)
Semelle isolée	Footing (isolated)
Semelle superficielle	Footing (shallow)
Semelle sur pieu	Pile cap
Serrage	Tightning
Serre-joint	G-clamp
Service public d'État	Public service
Services publics	Public services
Seuil	Sill
Shed	Saw tooth truss
Signal routier	Sign board
Signe	Sign
Silicate	Silicate
Silice	Silica
Silo	Silo
Siphon (plomberie)	Drain trap
Siphon (sol)	Siphon (inverted)
Sismogramme	Seismogram
Sismographe	Seismograph
Site	Site

Situation	Location
Socle de fondation	Foundation (plinth)
Sol	Ground
Solin	Flashing
Solive	Joist
Solive boiteuse	Joist (tail)
Solive d'enchevêtrure	Joist (trimmer)
Solive de bordure	Header
Sollicitation	Load effect
Solution de base	Design (contract)
Sommet	Apex
Sondage	Sounding
Sortie	Exit
Soubassement	Plinth
Souche de cheminée	Chimney base
Soudage	Welding
Soudage à l'arc	Welding (arc)
Soudage autogène	Welding (oxy-acetylene)
Soudage bout à bout	Welding (butt)
Soudage d'angle	Welding (fillet)
Soudage discontinu	Welding (intermittent)
Soudage électrique	Welding (electric)
Soudage manuel	Welding (hand)
Soudage par points	Welding (spot)
Soudure	Weld
Soudure d'étanchéité	Weld (seal)
Soufre	Sulphur
Soulèvement	Heaving
Soulèvement de sol	Upheaval (land)
Soulever (se)	Heave (to)
Soumission	Tender
Source (eau)	Spring
Sous-plancher	Subfloor
Sous-pression	Uplift
Sous-sol (bâtiment)	Basement
Sous-traitant	Subcontractor
Soûte	Bunker
Souterrain	Underground

Spectre de réponse	Response spectrum
Spectrographique	Spectrographic
Spire	Hoop
Stabilité	Stability
Stabilité au renversement	Safety against overturning
Station de pompage	Pumping station
Station-service	Station (filling)
Stockage	Storage
Structure	Structure
Sud	South
Suif	Tallow
Sujet	Subject
Sulfate	Sulphate
Supérieur	Upper
Superstructure	Superstructure
Support	Bearing
Surcharges	Live load
Surépaisseur	Oversize
Sûreté	Security
Surfaçage	Surfacing
Surface	Surface
Surplomb	Overhang
Surplus	Excess
Surtension (effort)	Overstretching
Surveillant de travaux	Clerk of works
Suspendu	Suspended
Suspentes	Dollies (overhead)
Système	System
Système déplaçable	System (moveable)
Système porteur	System (supporting)

Table à secousse	Shocktable
Table de compression	Compression flange
Tableau (chiffres)	Chart
Tableau de commandes	Panel (control)
Tableau des charges	Table (load)
Tableau des quantités de matériaux (devis quantitatif)	Bill of quantities (B.O.Q.)
Tablier (pont)	Bridge deck
Tachymètre	Tachymeter
Taloche	Trowel (finishing)
Taloche	Float
Talon	Heel
Tamis	Sieve
Tampon	Buffer
Tampon (bouchon)	Plug
Tampon (couvercle)	Cover
Tangentiel	Tangential
Taquet	Dowel
Taquet	Cleat
Taquets	Grounds
Tarière	Screw auger
Tasseau	Fillet
Tassement	Settlement
Tassement différentiel	Settlement (differential)

Té de réduction	Tee (reducing)
Température	Temperature
Tempête	Storm
Temps de prise	Setting time
Tenailles	Tongs
Tendeur	Stretcher
Tendeur	Turnbuckle
Teneur en carbone	Carbon content
Teneur en eau	Water content
Tenon	Tenon
Tenon et mortaise	Tongue and groove
Tensiomètre	Tensiometer
Tension	Tension
Terrain	Ground
Terrain de mauvaise qualité	Stratum (poor bearing)
Terrain naturel	Soil (natural)
Terrain portant	Soil (bearing)
Terrasse	Roof
Terrassements	Earthworks
Terre	Earth
Terre armée	Earth (reinforced)
Terre-plein (naturel)	Terrace
Terre-plein (aménagé)	Back fill (compacted)
Terre-plein central	Reservation (central)
Tête de pieu	Pile cap
Théodolyte	Theodolite
Théorique	Theoretical
Tige filetée	Stud bolt
Tirant	Tie rod
Tirant d'air	Clearance
Tirant d'eau	Draught
Tirant de coffrage	Tie (formwork)
Tire-fort	Turnbuckle
Toile goudronnée	Tar felt
Toilettes (lavabos)	Toilets
Toilettes (W.C.)	Water-closet (W.C.)
Toit (forme d'usine)	Roof (sawtooth or northlight)
Toit plat	Roof (flat)

Toiture	Roof
Toiture à la Mansart, en mansarde	Roof (mansard)
Toiture à redans	Roof (sawtooth)
Toiture à une seule pente	Roof (single pitch)
Toiture à quatre pentes	Roof (hipped)
Toiture en appentis	Roof (lean to)
Toiture inclinée	Roof (pitched)
Toiture-terrasse	Spandrel
Tôle	Plate
Tôle d'acier	Sheet (steel)
Tôle en zinc	Sheet (zinc)
Tôle galvanisée	Galvanized (sheet metal)
Tôle larmée	Checkered plate
Tôle ondulée	Corrugated (sheet metal)
Tôle ondulée	Pressed (sheet metal)
Tolérance	Tolerance
Tombereau	Dumper
Tonne	Ton (metric)
Toron	Strand
Torrent	Torrent
Torsadage	Twisting
Torsion	Torsion
Tour réfrigérante	Tower (cooling)
Tourbe	Peat
Touret (câble)	Reel
Touret	Swift
Tourillon	Pin
Tournevis	Screwdriver
Tournevis cruciforme	Screwdriver (philips)
Tout-venant	Quarry run
Traction	Traction
Traitement thermique	Treatment (heat)
Tranchée	Trench
Tranchée ouverte	Trench (open)
Transport	Removal
Trappe de visite	Inspection cover
Travail	Work

Travée	Span
Travée centrale	Span (central)
Travée de rive	Span (end)
Traverse	Joist
Traverse	Sleeper
Tréfileur	Wire drawer
Treillis	Truss
Treillis tridimensionnel	Space frame
Treillis soudé	Welded wire (fabric)
Trémie	Hopper
Trépan	Bit
Trépan à biseau	Bit (chopping)
Trépan à cuiller	Bit (auger type)
Trépan à molette	Bit (roller)
Trépan au métal dur	Bit (hard metal)
Trépan pour roche	Bit (rock)
Trépied	Tripod
Treuil	Winch
Triaxial	Triaxial
Trinqueballe	Trailer
Tronçonneuse	Rotary cutter
Trop-plein	Overflow
Trottoir	Pavement
Trou	Hole
Trou d'aération	Vent
Trou de forage	Borehole
Truelle	Trowel
Trumeau	Pier (window)
Trusquin	Scriber
Tube de bétonnage	Pipe (tremie)
Tuf (roche)	Tufa (rock)
Tuile à emboîtement	Tile (interlocking)
Turbine	Turbine
Tuyau (souple)	Hose
Tuyau (rigide)	Pipe
Tuyau de caoutchouc	Hose (rubber)
Tuyau de descente	Rainwater down-pipe
Tuyau de vidange	Pipe (drain-down)

Tuyau en acier	Pipe (steel)
Tuyau en ciment	Pipe (cement)
Tuyau filtrant	Pipe (filter)
Tuyauterie	Piping
Tympan	Wall (spandrel)
Typique	Typical

Ultérieur	Later
Ultime	Ultimate
Uni	Smooth
Uniforme	Uniform
Uniformément réparti	Uniformly distributed
Unique	Single
Urbaniste	Planner (town)
Urgence	Emergency
Usé	Worn
Usinage	Machining
Usine	Plant
Usine de traitement des eaux	Water treatment plant
Utilisation	Use

V

V.R.D. (voirie réseaux divers)	Installation of roads and services, external works
V.R.D.	External works
Vague (mer)	Wave
Valeur	Value
Valeur de base	Value (basic)
Valeur maximum	Value (peak)
Valeur de secours	Valve (emergency water)
Variante	Alternative
Variation	Fluctuation
Velux	Roof light
Ventilateur	Fan
Ventilation longitudinale	Ventilation (longitudinal)
Ventilation transversale	Ventilation (transverse)
Vérification	Checking
Vérin	Jack
Vérin à clavettes	Jack (wedging)
Vérin à clavettes	Jack with wedges
Vérin à vis	Jack (screw)
Vérin de blocage	Jack (blocking)
Vérin de mise en tension	Jack (stressing)
Vérin double effet	Jack (double acting)
Vérin plat	Jack (flat)
Vernis	Varnish

Verre	Glass
Vestiaire	Cloakroom
Vestibule	Lobby
Viaduc	Viaduct
Vibration	Vibration
Vidange	Draining
Vidanger	Drain down (to)
Vidanger	Discharge (to)
Vide (contenu)	Empty
Vide (état)	Vacuum
Vide-vite	Sump pit
Virole	Pile-cap
Vis	Screw
Visser	Screw (to)
Vitesse	Speed
Vitrier	Glazier
Voie de circulation	Traffic line
Voie ferrée	Railway
Voie piétonnière	Footpath
Voie publique	Highway
Voile d'arrêt	Hardstanding
Voile d'arrêt	Wall end
Voilement	Buckling
Voiler	Buckle (to)
Volée (escalier)	Flight (staircase)
Voligeage	Rough boarding
Voussoir	Segment
Voussoir conjugué	Segment (match-cast)
Voussoir d'articulation	Segment (hinge)
Voussoir sur pile	Pier unit, pier segment
Voûte	Vault
Voûtain	Casing (tapered)
Vrac (en)	Bulk
Vrille	Gimlet
Vue de côté	Side elevation
Vue de dessus	View
Vue de face	View (front)
Vue éclatée	View (exploded)

Vue en coupe	View (sectional)
Vue en plan	View (plan)
Vue latérale	View (side)

Waterstop (joint) Waterstop